Mireille Gras-Depoix

LE CARTONNAGE

Plaisir de créer

_ULISSE__EDITIONS_

15, rue Mansart
75009 Paris

Directrice éditoriale : Josiane Boulanger
Photos : Gérard Boulanger
Maquette : ULISSÉDITIONS
Photocomposition : ULISSÉDITIONS
Réalisation : ULISSÉDITIONS

Dépôt légal : 1er semestre 2008

Imprimé en Malaisie

ISBN : 978-2-8441-5135-3

Table des matières

Introduction

Le plaisir du cartonnage, c'est de chercher, d'imaginer et créer de nouveaux modèles, en étant toujours à l'affût de nouvelles formes et matériaux dans le but de réaliser la boîte précise ou l'objet particulier qui nous manque.

C'est aussi le besoin de se retrouver lors des ateliers pour discuter, réfléchir à une réalisation en faisant des dessins, en trouvant les bonnes proportions, en choisissant un tissu, un papier…

Je remercie mes élèves qui m'incitent à me renouveler, mais aussi les personnes qui viennent discuter avec moi lors les salons de loisirs créatifs pour me demander des explications, des conseils, proposer les nouvelles astuces qu'elles ont trouvées et qu'elles sont prêtes à partager avec toutes celles qui aiment le cartonnage, par mon intermédiaire.

Car le cartonnage c'est aussi le plaisir de partager une activité que l'on aime.
Combien de fois ai-je vu mes élèves heureuses de faire admirer ce qu'elles ont réalisé , même les élèves débutantes s'investissent à fond. En partant d'un modèle de base, elles le déclinent sous différentes formes, dimensions et habillage, avec ce petit plus qui personnalise chaque ouvrage.

C'est un véritable bonheur de pouvoir enseigner un art que l'on aime à des personnes qui l'apprécient et qui ainsi oublient tous leurs soucis pendant quelques heures.

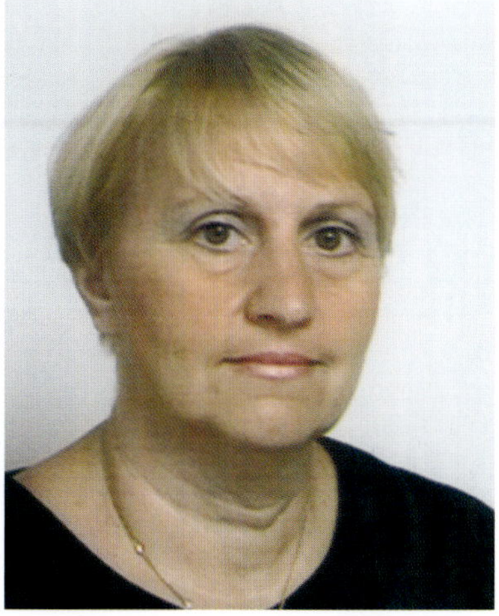

Mireille Gras a aussi publié chez le même éditeur :
- 101 astuces cartonnage
- Le cartonnage, technique et réalisation
- Le cartonnage, meubles et objets

POUR ENCADREMENT
Colle blanche
Vinylique
+
PH Neutre

1 *Outils & matériaux*

Les outils

La surface de travail :
Une plaque de coupe quadrillée permettant de voir rapidement et avant vérification si une coupe est d'équerre, ou un carton gris de 2 mm coupé en 2 (ce qui permet de le retourner régulièrement dès qu'il est trop entaillé).

Les outils de coupe et de mesure
Un cutter courbé ou tout autre lame coupante, un réglet gradué de 50 cm ou 1 m, une règle lourde antidérapante de 80 cm pour guider la coupe et ne pas dévier, une équerre métallique pour la coupe à angle droit, 2 paires de ciseaux à bouts pointus 1 pour le papier, 1 pour le tissu, un emporte pièce et sa plaque de plomb pour ne pas l'émousser, une pointe à reliure, un poinçon à embase pour passer galons rubans ou toutes autres sortes de fermetures, un marteau, du papier de verre gris à grains très fins.

Les outils pour les traçages
Critérium, gomme blanche, compas à écrou à 2 pointes sèches, compas à écrou avec une pointe pour le crayon.

Les outils pour le collage
Pinceaux plats n° 8-12-16, rouleau en mousse pour coller les grandes surfaces, rouleau de papier kraft préencollé, presse de collage ou 1 à 2 masses de 4 kg, pinces à dessin (6 à 8), 1 plioir.
Il vous sera utile d'avoir des chiffons propres, des macules pour protéger la plaque de coupe lors de l'encollage, un cahier pour vos notes et vos dessins.

Entretien du matériel
Tous ces outils doivent faire l'objet d'un entretien régulier afin qu'il n'y ait pas de traces de colle sur la plaque de coupe, le plioir et les ciseaux (ex : le plioir servant à aplanir les surfaces, les épaisseurs de colle sèches peuvent occasionner des rayures), les pointes de compas, la pointe à reliure et même le plioir doivent être affûtés. Les pinceaux rincés à l'eau chaude peuvent rester dans l'eau à condition que la virole soit en laiton nickelé.

Les matériaux

Matériaux pour le montage d'une boîte

Les cartons et les cartes :
On utilise en cartonnage du carton gris de 3 mm car il se déforme moins.
Le carton de 2 mm sert aussi pour les objets plats du type correspondancier, album-photo, porte calepin…
Le carton blanc utilisé en encadrement peut aussi servir mais il est formé de couches de cartons collées les unes sur les autres, il est moins rigide et moins adapté.
Le carton a un sens qui correspond au sens dans lequel il peut se courber sans se casser : il est utile de connaître le sens du carton pour confectionner des objets importants. Les cartes dites carte bulle ou régidex suivant le fournisseur, existent en plusieurs épaisseurs définies par le poids de 180 à 420 g.
On utilisera de la carte bulle ou rigide de 250 g.
Celles de 320 g ponctuellement, pour consolider ou donner de la rigidité.

Toile à charnière ou lustrine :
C'est une toile mince très solide qui existe en 3 coloris, blanc cassé, beige, noir. Elle sert pour faire les charnières des boîtes avec couvercle et celles des cartons à dessin.

Le papier kraft :
Rouleau préencollé sur une face de 24 à 48 mm de large.
Utiliser celui de 36 mm pour l'assemblage des boîtes.

Matériaux pour l'habillage d'une boîte

Les tissus de coton :
Toutes les toiles de coton unies ou imprimées servent à l'habillage des boîtes telles que le Liberty, les toiles provençales, le lin, le chintz… On prendra des toiles de coton à 100 % car la colle adhère bien, ce qui n'est pas le cas pour les toiles ayant un pourcentage de matière synthétique.

Les toiles enduites :
Ce sont des toiles encollées sur papier de 100 à 140 cm de large et vendues au mètre, comme les relons, relmafil, toiles du marais, métis, velours etc… Elles existent en un grand choix de coloris, se collent et se travaillent très bien.
Attention : la moindre tache de colle ne part plus, il faut être méticuleux pour l'éviter.

Les papiers divers :
Depuis quelques années la gamme de ce genre de papier a considérablement été étoffée, on trouve bien sûr les papiers reliure machine ou faits main, mais aussi de nombreux papiers dits fantaisie représentant toutes sortes de motifs (plumes, ancres, fleurs, châteaux, animaux…) des papiers à rayures, à carreaux, écossais…, des papiers unis : canson, daler, ingres…

les papiers imitation cuir :
La gamme de ces papiers a connu aussi une grande évolution du point de vue grains et coloris.
Les divers Skirvertex peuvent avoir des grains satiné, galuchat, capra, marocco, autruche…
Les papiers lézards plus fins que le skirvextex donnent une excellente imitation du cuir.

Le molleton :
Il est utilisé pour le rembourrage des couvercles ou du fond intérieur d'une boîte.

Les accessoires
Ils permettent une belle finition des boîtes.
On se servira d'anneaux avec lacets et capuchons, poignées de formes différentes, fermoirs divers, vis à relier, coins métalliques, boutons dorés pour tiroirs, porte-étiquettes, passementeries comme les galons, rubans, boutons, passe poil…

2 Les nouvelles techniques

Par rapport à mes précédents livres « Cartonnage techniques et réalisations », « Cartonnage meubles et objets », et « 101 astuces cartonnage », je vous propose deux nouvelles techniques simples à réaliser :

- L'habillage extérieur d'une boîte avec un arrêt net.
- Une nouvelle charnière.

L'habillage extérieur d'une boîte avec un arrêt net
Cette technique permet d'obtenir une finition impeccable lorsque vous employez du tissu qui risque de s'effilocher. Elle est valable pour toutes les boîtes dont le couvercle est séparé de la boîte.

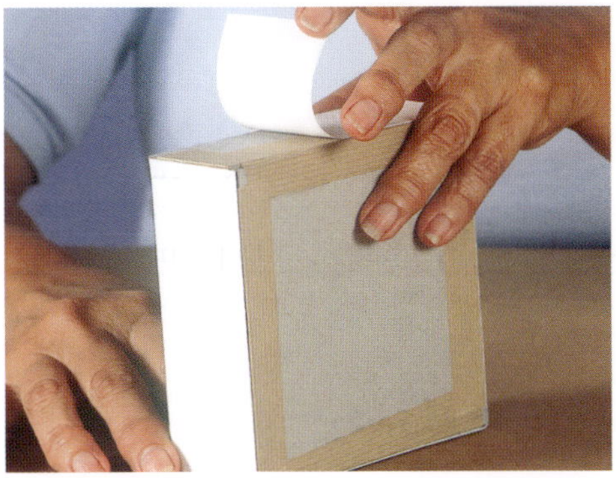

1. *Faire la propreté extérieure de la boîte avec des régidex. Coller entièrement sur les trois premiers côtés et ne coller que le quatrième à moitié.*

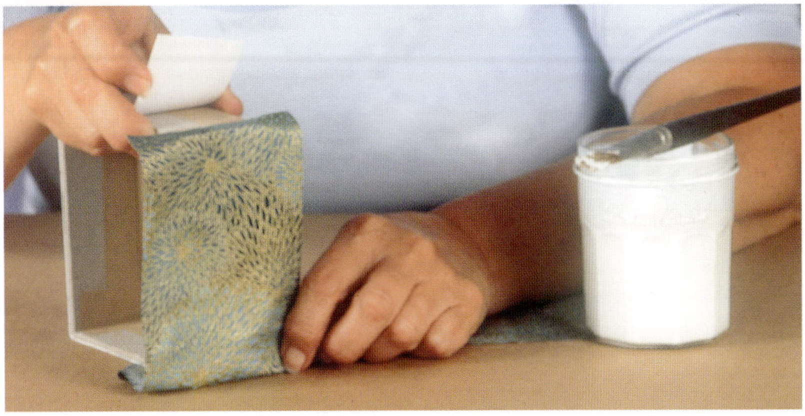

2. *Couper une bande de tissu du périmètre de la boîte + 2 cm sur la longueur et 4 cm sur la hauteur. Commencer à coller ce tissu sur 1 cm du côté où la propreté n'est pas complètement collée.*

3. *Coller ensuite le tissu autour de la boîte et reborder le cm restant sous la propreté.*

4. *Coller la dernière propreté pour terminer. Ainsi votre tissu ne s'effiloche plus et l'arrêt est net.*

5. *Rentrer le tissu à l'intérieur de la boîte. Couper le tissu droit face à face le long du carton.*

6. *Reborder les deux autres côtés, en pliant les angles à 45° (ôter du tissu s'il y a trop d'épaisseur).*

7. *Commencer par mettre la colle autour, coller le tissu et fermer les coins pincés dit aussi « coins à onglet ».*

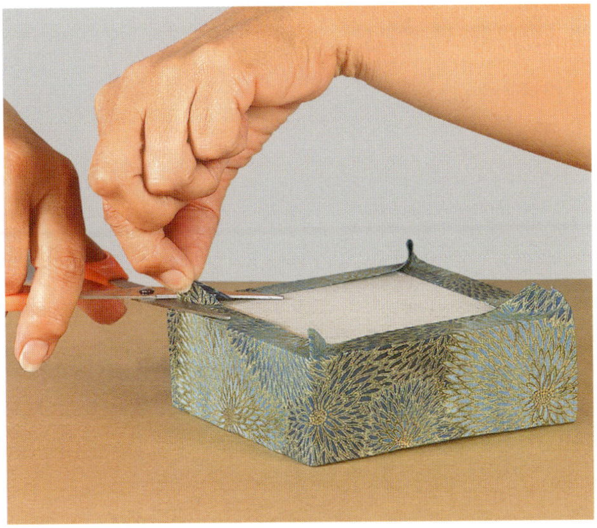

8. *Les coins seront coupés « net » en tirant le tissu et en coupant avec le fond des ciseaux.*

9. *Avec ces angles il n'y a pas de surépaisseur.*

La nouvelle charnière

Utilisée pour les petites et moyennes dimensions, vous la trouverez ici appliquée avec la boîte « coquille Saint Jacques ».

L'avantage de cette technique, c'est qu'elle permet d'habiller la boîte et le couvercle séparément, il n'est cependant pas conseillé de l'utiliser pour des boîtes importante, comme par exemple, une boîte à couture qui reste souvent ouverte.
La coupe de la boîte se fait comme habituellement (base + côtés), il n'y a que le carton arrière à l'endroit où le couvercle va s'articuler qui fait 2 mm de moins pour la hauteur.
L'habillage doit être de préférence en tissu.

1. *La coupe et le montage se font sur base.*
Le côté arrière mesure 2 mm de moins en hauteur que les trois autres.

2. *Le couvercle et la boîte sont habillés séparément.*
Seul l'habillage intérieur du couvercle et du côté arrière de la boîte ne sont pas encore collés.

3.
Préparation de la charnière :
Prendre un morceau de tissu de la longueur de l'arrière de la boîte sur 8 cm de hauteur.
Mettre de la colle à l'intérieur du tissu.

4. *Plier en 2 dans le sens de la longueur.*
Le tissu formant la charnière mesure 4 cm par la longueur de la boîte.

5. *Encoller le carton à l'intérieur de la boîte et sur sa tranche.*

6. *Poser la charnière sur 2 cm à l'intérieur de la boîte, puis sur la tranche du côté arrière. Laisser sécher.*

7. *Coller la propreté intérieure sur l'arrière de la boîte. La charnière étant maintenue par cette propreté. Laisser sécher en posant un poids.*

Vue intérieure de la boîte et de la charnière posée.

9. *Après un premier séchage, passer de la colle sur le reste de la charnière.*

10. *Coller les 2 cm de la charnière sur le couvercle. Laisser sécher.*

11. *Pour finir coller l'habillage intérieur du couvercle. Laisser sécher. La boîte est ainsi terminée.*

12. *Le tissu charnière forme ainsi un petit bourrelet entre la boîte et le couvercle dans les 2 mm du côté arrière.*

La boîte à « olives », couvercle et base dépassants.

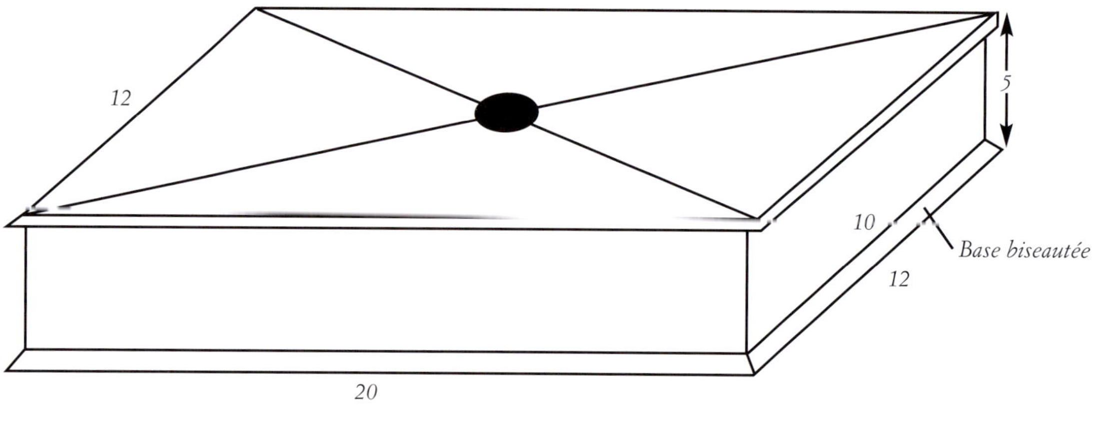

3 Les modèles

La boîte à bonbons « les olives »

Application de l'arrêt net

Dans ce modèle de boîte, le couvercle dépasse et il a la même dimension que la base biseautée.

Temps de réalisation : 2 h
Difficulté : +

Coupe
Dans du carton de 3 mm :
- Base biseautée de 20 x 12 cm
- 2 côtés de 18 x 5 cm
- 2 côtés de 9,4 x 5 cm
- Couvercle 12 x 20 cm
- Intérieur couvercle 17 x 9 cm

Montage
Sur la base biseautée de 12 x 20 cm, tracer un rectangle de 10 x 18 cm dans lequel vous monterez les côtés de la boîte à l'intérieur de ce rectangle.

Habillage
Pour habiller le rebord biseauté de la base, utiliser le montage dit « en chaussette ».

Rappel de ce montage :
Couper un rectangle de papier de 24 x 16 cm dans ce rectangle, tracer un autre rectangle de 20 x 12 cm et à l'intérieur de celui-ci, un de 18 x 10 cm qui sera évidé puis coupé dans chaque angle.
Ensuite on passera comme une « chaussette » ce rectangle évidé dont 1 cm remonte sur les côtés de la boîte.
Puis faire la propreté des 4 côtés et avec une bande de papier coller à ras en bas et reborder à l'intérieur de la boîte le papier dépassant.
Faire l'habillage intérieur et le fond de la boîte.

Pour le couvercle, faire un premier habillage en papier uni et découper 2 triangles de papier fantaisie pour décorer le couvercle.
Poser le bouton avant de coller, sous ce couvercle, le 2ème carton préalablement habillé et qui vient s'emboîter dans la boîte.

Matériaux utilisés
- Papier fantaisie « les olives »
- Papier uni lama li

Accessoires
- Bouton en laiton

Dimensions
20 x 12 x 5 cm (dessin n° 1)

La boîte « coquille Saint-Jacques »

Application de la nouvelle charnière

Temps de réalisation : 3 h
Difficulté : +
Dimensions : 16 x 12 x 5 cm

Coupe
Dans du carton de 3 mm, couper une base de 7 côtés comme l'indique le croquis ci-dessous. Tracer la droite HI = 12 cm et en point J sur cette droite HJ = 4,5 et IJ = 7,5 tracer la perpendiculaire BE = 16, AF = 10, CD = 7, rejoignez les différents points, vous obtenez la base.
Le couvercle de cette base mesure 3 mm de plus sur tous les côtés sauf AF qui est à ras de la base.
Couper ensuite une bande de carton de 5 cm de haut sur 50 cm.
Les 7 côtés sont légèrement biseautés sur les hauteurs. Reprenez vos propres mesures pour chaque côté.
Sur le côté arrière AF ôtez 1 ou 2 mm sur la hauteur suivant l'épaisseur du tissu utilisé (nouvelle hauteur 4,8 ou 4,9 cm) pour la nouvelle charnière.

AF = 10	IJ = 7,5
HI = 12	HJ = 4,5
BE = 16	CD = 7

Montage
Il se fait sur base côté après côté.

Habillage
Faire la propreté de chaque face en régidex et coller une bande de tissu rebordée à l'intérieur et dessous.
Habiller le fond intérieur et le fond extérieur de la boîte.
Habiller le couvercle. On peut aussi le molletonner.

Pose de la charnière
Couper une bande de tissu de 10 x 8 cm, la plier en deux pour obtenir une bande de 10 x 4 cm.
Coller une partie sur la boîte et sur la tranche du côté AF, laisser sécher, replier et coller sur le couvercle.
Laisser sécher un long moment.
A l'arrière de la charnière, faire un petit bourrelet dans l'espace de 1 ou 2 mm ôté sur ce côté.
La consolidation de cette charnière se fera en habillant la carte de propreté du couvercle (jamais plus grande que l'intérieur de la boîte.
Habiller l'intérieur de la boîte en une seule bande de cartonnette d'une hauteur de 4,5 cm.
Si vous habillez votre boîte de papier, la charnière doit être faite avec un morceau de relon : le papier n'étant pas assez résistant la charnière se déchirerait.

Vous pouvez aussi faire une boîte plus grande aux dimensions suivantes :

AF = 15
HI = 15,5
BE = 20
HJ = 6
CD = 9
Hauteur boîte = 6 cm

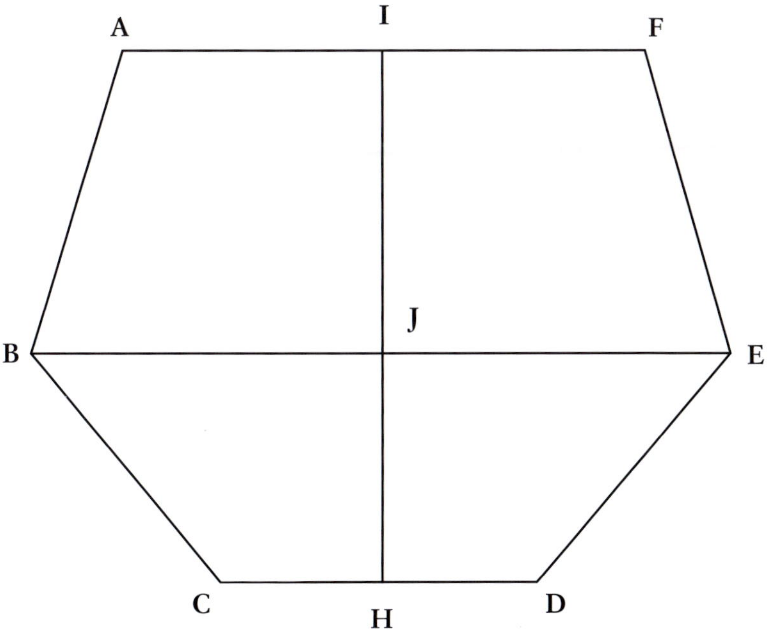

Matériaux utilisés
- Tissu imprimé
- Relon pour l'intérieur

Dimensions
16 x 12 x 5 cm

Boîte à bijoux « les chevaux »

Temps de réalisation : 4 h
Difficulté : +

Le modèle de cette boîte a été réalisé en fonction du papier employé.
Ce papier se compose de bandes successives : petits chevaux, frise noire et dorée.

Matériaux utilisés
- Papier fantaisie
- Relon bordeaux

Accessoires
Fermeture aimantée, poignée, jeu de pieds

Dimensions
15 x 15 x 8 cm (croquis n° 1)

Coupe
Dans du carton de 3 mm
• Base 15 x 15 cm
- 2 côtés 15 x 8 cm
- 2 côtés 14,4 x 8 cm

• Couvercle : 15 x 15, 5 cm,
- 1 rabat avant 15 x 2 cm

• Casier intérieur : base 13,5 cm x 13,5 cm
- 2 côtés 13,5 x 3,5 cm
- 2 côtés 12,9 x 3,5 cm
- 1 séparation 12,9 x 3 cm
- 1 séparation 6,7 x 3 cm
- 4 hausses triangulaires de 3,5 cm de haut pour l'appui du casier dans les 4 coins.

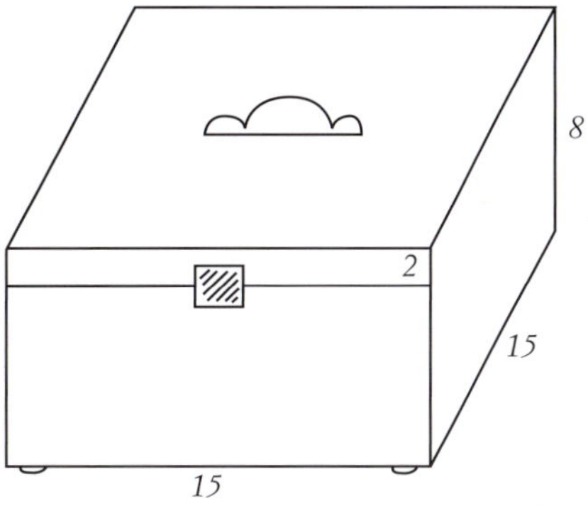

Croquis n° 1
Boîte fermée.

Montage
Pour la boîte le montage se fait sur base.
Pour le couvercle, krafter le rabat sur le devant du couvercle et poser les charnières.
Monter ensuite le casier intérieur.
Avant de monter ce casier vous devez tracer l'emplacement des séparations intérieures sur le fond et les côtés (croquis n° 2).

Habillage
Après avoir collé les propretés des 3 côtés de la boîte, du dessus et du rabat du couvercle, habiller de papier.
Avant de faire l'habillage intérieur, poser la poignée sur le couvercle, ainsi que la fermeture aimantée.
Fixer les pieds sous la boîte.
Faire l'habillage intérieur.
Poser, dans chaque angle, les cales triangulaires qui permettent la pose du casier intérieur.
Finir par l'habillage du casier.

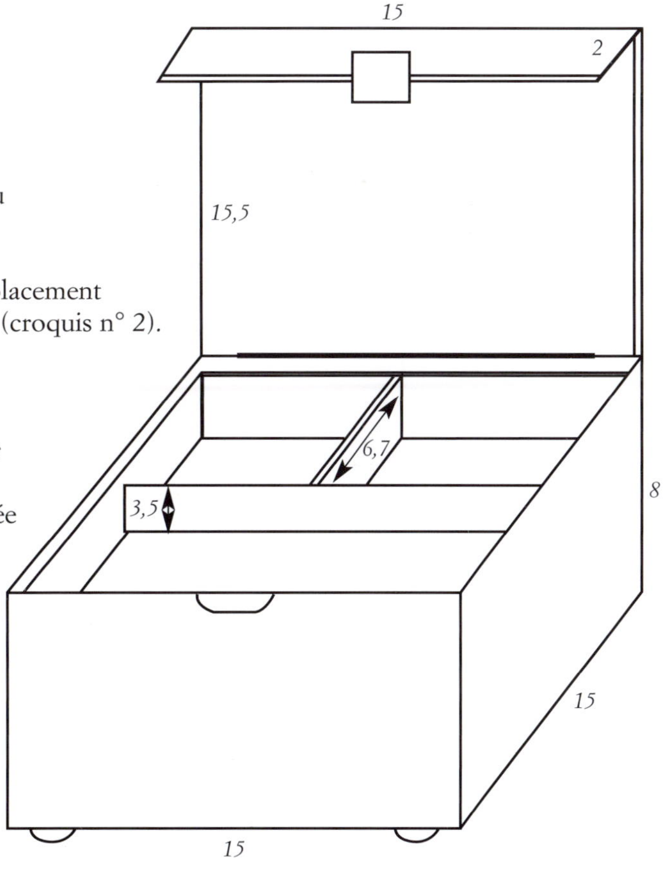

Croquis n° 2 : boîte ouverte avec le casier intérieur.

La boîte à montre

Temps de réalisation : 20 h
Difficulté : +++

Matériaux utilisés
- Skivertex imitation croco
- Relon de velours beige

Accessoires
- 2 fermetures aimantées
- 2 boutons en laiton,
- 4 pieds en laiton à clouter

Dimensions
30 x 11,3 x 14 cm
(croquis n° 1)

Coupe
En carton de 3 mm

• Boîte :
- Base (A) et plancher (B) intérieur 30 x 11 cm
- Côté arrière (C) 30 x 14 cm
- 2 côtés (D, E) 11,3 x 14 cm
- Devant de la boîte (F) 30 x 6,5 cm
- 5 séparations intérieures de 10,7 x 6 cm

• Couvercle :
- Dessus 31,6 x 11,8 cm
- Rabat avant 31,6 x 2 cm
- 2 rabats de côté 11,8 x 2 cm

• Tiroirs :
- Fond 29,2 x 11,5 cm
- 2 grands côtés 29,2 x 5,7 cm
- 2 petits côtés de 9,9 x 5,7 cm
- 5 séparations intérieures de 9,9 x 5 cm
(Reprendre toujours vos propres mesures).

Montage
Il se fait hors base puisque nous avons une boîte à tiroir avec un plancher. Krafter à l'extérieur de la base, l'arrière de la boîte, puis les petits côtés.
Avant, ne pas oublier de tracer sur ces 3 côtés un trait à 6,5 cm du haut, marquer (H) (croquis n° 2) sur ces 3 côtés pour pouvoir bien positionner le plancher B.
Sur ce plancher, au préalable, tracer les emplacements des 5 séparations intérieures (croquis n° 2).
Krafter ce plancher au dessous du trait tracé à 6,5 cm.
Posez ensuite le devant F.
Krafter les 5 séparations.
Monter le couvercle puis poser la charnière extérieure et intérieure.
Le tiroir est monté sur base.
Au préalable, les traits des séparations auront été tracés sur base et les grands côtés.

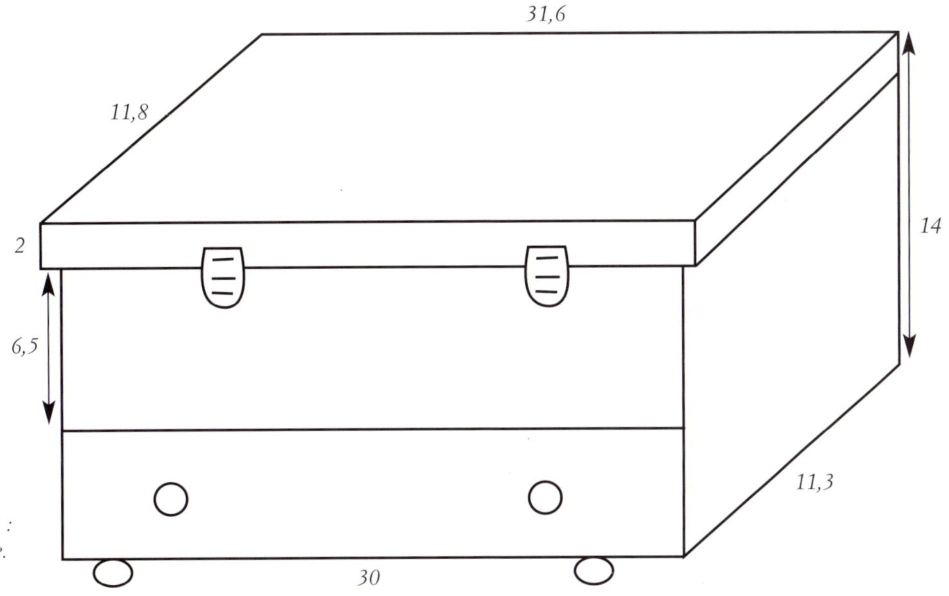

Croquis n° 1 : boîte fermée.

Habillage

Faire les propretés en régidex sur les 2 petits côtés, le devant ainsi que sur le dessus et les rabats du couvercle.

Prendre une bande de skivertex croco de 58 x 18, coller sur le pourtour d'une charnière à l'autre. Reborder le papier dépassant à l'intérieur et au dessous.

Au niveau du tiroir, découper comme l'indique le croquis n° 3 sans oublier de coller un petit morceau de papier dans chaque angle avant de reborder le skivertex à l'intérieur. Faire l'habillage du couvercle avec un rectangle de skivertex de 46 x 22 cm.

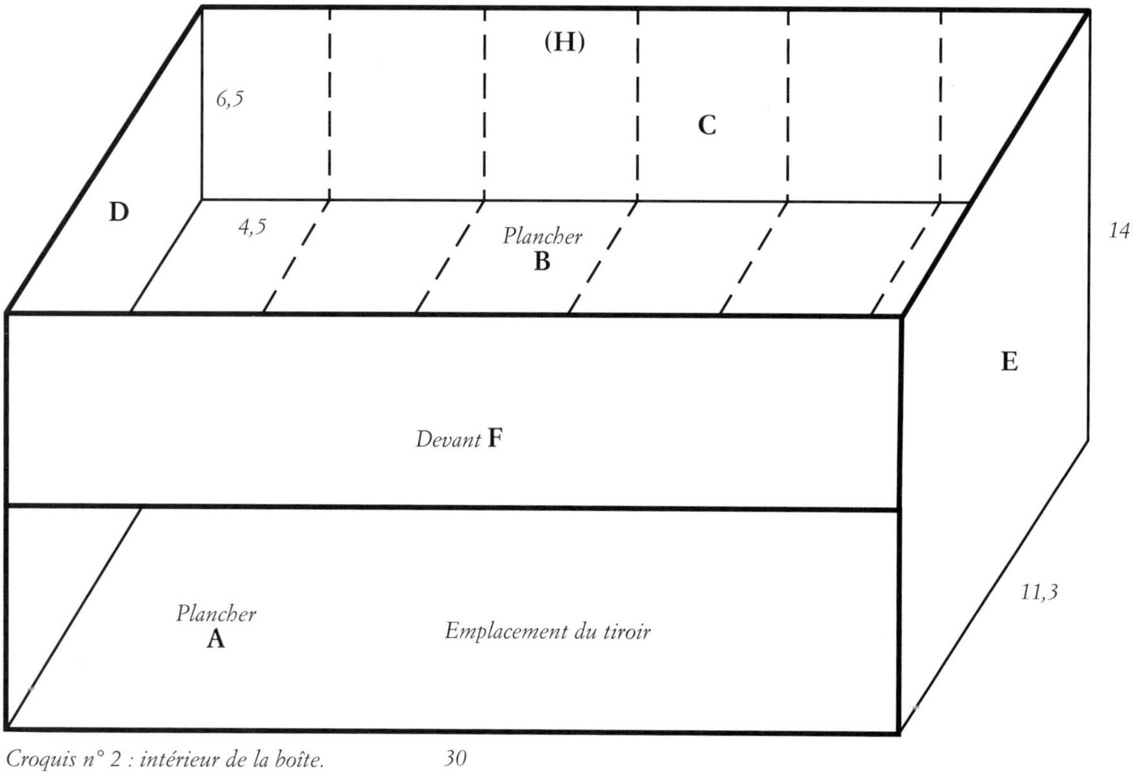

Croquis n° 2 : intérieur de la boîte. Les traits en pointillés indiquent l'emplacement des séparations.

Commencer par coller sur le plat du dessus en centrant bien le skivertex.
Coller ensuite sur le rabat avant et à l'intérieur du couvercle en coupant droit.
Puis coller sur les 2 rabats de côté pour les angles en faisant un rentré à angle droit dans chacun des 2 angles (couper le carré intérieur du tissu pour éviter l'épaisseur).
A l'arrière, au niveau de la charnière, le skivetex est coupé et collé.
Les 2 cm de skivertex de chaque côté de la charnière sont rentrés à l'intérieur du couvercle.
Pour l'arrière habiller une carte de régidex de 30 x 14 cm avec le skivertex qui déborde de 2 cm tout autour, reborder sur 3 côtés le 4e sera rebordé sous la boîte.

Habillage intérieur de la boîte :
Commencer par l'emplacement du tiroir.
Puis habiller chaque fond, les tranches des séparations et ensuite tous les côtés de la boîte.
Ne pas oublier de poser avant, les petits aimants de fermeture sur le devant de la boîte et sur le rabat du couvercle.
Habiller l'extérieur et l'intérieur du tiroir.

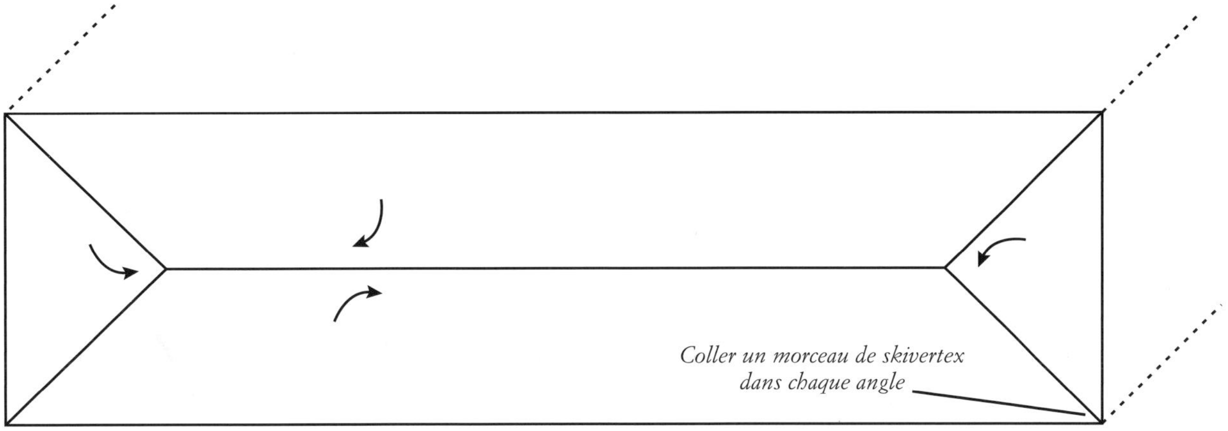

Découpe du skivertex au niveau du tiroir.

Croquis n° 3.

Croquis n° 4 : rondin de mousse.

Pour la présentation des montres, couper des rondins de mousse aux dimensions des emplacements prévus et couper le bas de ces rondins pour faire un plat de façon à pouvoir les poser (penser aussi à l'épaisseur des montres, donc vérifier la fermeture), croquis n° 4*.
Recouvrir cette mousse de relon velours, mais ne pas coller cette bande directement sur le rondin de mousse car la mousse durcirait.
Donc coller relon sur relon et passer ensuite comme un bracelet sur le rondin.

* Le plus facile pour couper les rondins est d'utiliser un couteau électrique.

La boîte à couture à trois tiroirs

Temps de réalisation : 16 h
Difficulté : +++

Cette boîte se compose de 3 tiroirs, un sur le devant, et un de chaque côté .
Les tiroirs des côtés sont à l'alignement des parois de la boîte.
Les poignées de ces tiroirs vont servir à la fois pour soulever la boîte et pour tirer les tiroirs.
Cette boîte peut être utilisée comme boîte à couture ou à bijoux.

Matériaux utilisés
- Tissu à fleurs (petits motifs en raison de la grandeur de la boîte)
- Tissu uni (ex : relon) pour l'intérieur

Accessoires
- Poignées
- boutons

Dimensions
28 x 18,3 x 13 cm
(croquis n° 1)

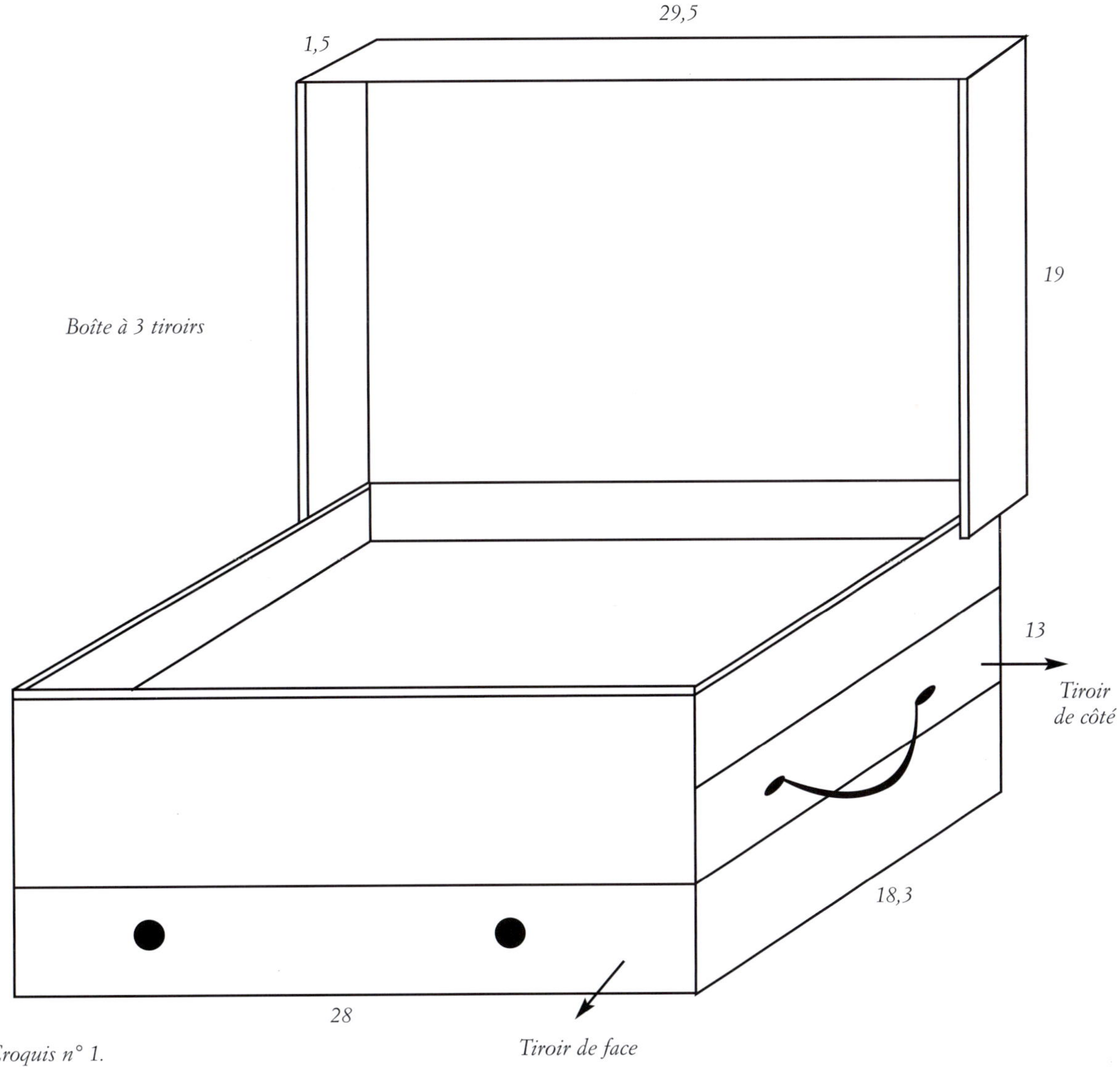

Croquis n° 1.

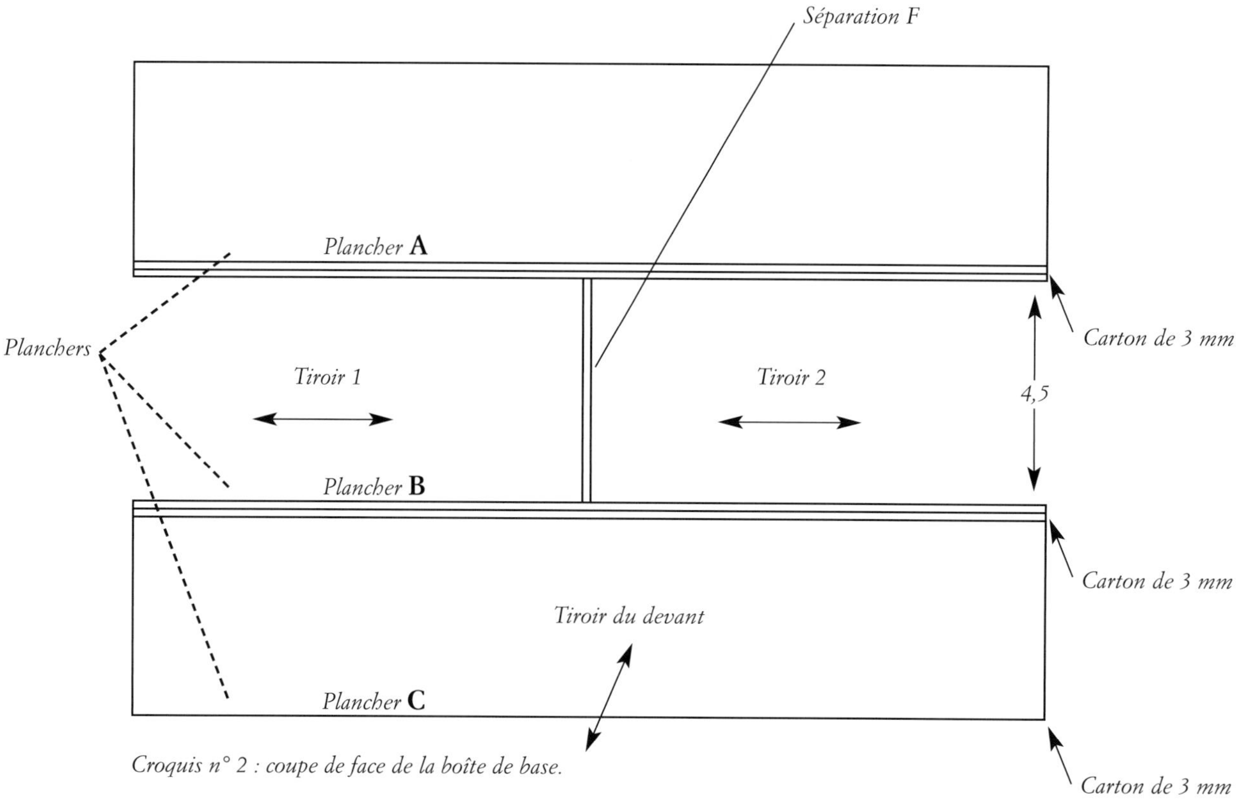

Croquis n° 2 : coupe de face de la boîte de base.

Dans du carton de 3 mm, pour la boîte de base :

- 1 plancher (A) 28 x 17,4 cm
- 1 plancher (B) de 28 x 17,7 cm
- 1 plancher (C) 18 x 28 cm
- Devant 28 x 9 cm
- Arrière 28 x 13 cm

(croquis n° 2)

- 2 côtés c et c' de 18,3 x 3,7 cm
- 2 côtés d et d' de 18,3 x 4,5 cm

(croquis n° 3)

• Séparation (F) 17,7 x 4,5 cm
Sur l'arrière, tracer l'emplacement des planchers A et B et de la séparation F.
Sur le devant tracer l'emplacement du plancher A et de la séparation F.

• Couvercle :
- 1 plat de 29,5 x 19 cm
- 2 rabats de 19 x 1,5 cm
- 1 rabat de 28,9 x 1,5 cm

• Les tiroirs des côtés :
- Base de 17 x 13,5 cm
- 2 côtés de 17 x 4 cm
- 2 côtés de 12,9 x 4 cm
- Devant 18,5 x 4,5 cm (qui viendra s'emboîter dans l'alignement des côtés de la boîte).

• Tiroir de devant :
- Base 27,5 x 17,5 cm
- 2 côtés de 27,5 x 3 cm
- 2 côtés de 16,9 cm

Ces mesures correspondent à celles de mon propre modèle, vous devez absolument vérifier vos propres mesures d'après votre boîte.

Montage

Il se fait *hors base*.
A l'extérieur du plancher C, krafter l'arrière et les 2 côtés du bas d et d'.
Poser le plancher B, krafter la séparation F sur le plancher B et l'arrière.
Monter le devant de la boîte puis poser le plancher A.
Krafter ensuite les côtés c et c'.

Ainsi les 2 emplacements des tiroirs sont en retrait par rapport aux côtés d et d', et c et c' (croquis n° 3).

Monter ensuite le couvercle et poser la charnière extérieure à 1,5 cm des bords de la boîte, laisser sécher, et poser la charnière intérieure.

Monter ensuite le couvercle et poser la charnière extérieure à 1,5 cm des bords de la boîte, laisser sécher, et poser la charnière intérieure.

Habillage extérieur
Faire la propreté du devant et des côtés.
Couper une bande de tissu 70 x 17 cm, la coller en allant d'une charnière à l'autre.

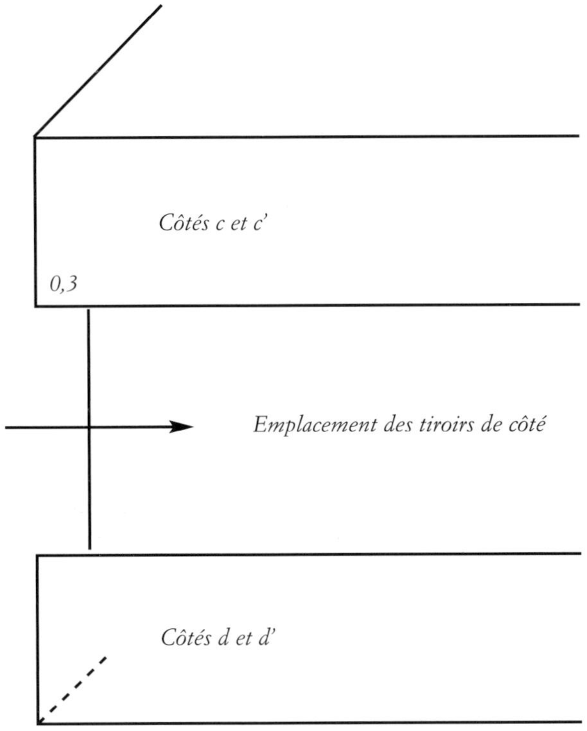

Croquis n° 3 : vue de côté.

Découper les ouvertures des 3 tiroirs (ne pas oublier de rajouter du tissu dans les angles).
Reborder le tissu à l'intérieur et dessous.
Habiller chaque emplacement de tiroir.

Habillage du couvercle :
Couper un molleton de la grandeur exacte du plat du couvercle.
Passer une légère couche de colle sur le carton et y déposer le molleton sans appuyer.
Couper un rectangle de tissu de la taille du couvercle + 8 cm sur la longueur et + 8 cm sur la largeur.
Positionner bien centré ce tissu sur le molleton.
Coller le tissu sur le rabat avant et à l'intérieur.
A l'arrière au niveau de la charnière, couper de chaque côté le tissu jusqu'au carton.
Coller le tissu sur la charnière en tirant légèrement pour tendre le tissu. Passer le tissu de chaque côté à l'intérieur du couvercle.
Coller le tissu sur les rabats des côtés après avoir ôté un petit carré de tissu dans les 2 angles avant afin d'éviter la surépaisseur et ainsi avoir des angles nets, puis coller sur la face intérieure des rabats et finir par la carte de régidex habillée à l'intérieur du couvercle.

Habiller une carte bulle pour l'arrière puis une pour le dessous.
L'habillage intérieur se fait comme habituellement.
Pour les tiroirs, vous pouvez les compartimenter comme vous le souhaitez sans oublier cependant que les séparations doivent toujours être moins hautes de 3 à 5 mm que les côtés.
Avant l'habillage intérieur, pensez à poser vos poignées et les boutons sur le tiroir de devant.
Vous pouvez aussi agrémenter votre boîte d'un pompon ou autre décoration.

Le vanity Case

Temps de réalisation : 6 h
Difficulté : +

Matériaux utilisés
- Skivertex croco framboise et jaune pâle

Dimensions
28 x 20 x 15 cm

Coupe
Carton de 3 mm.
La boîte de base et le couvercle sont identiques, il n'y a que les hauteurs qui sont différentes.

• Pour la boîte :
- Base de 28 x 20 cm
- 2 côtés de 28 x 15 cm
- 2 côtés de 19,4 x 15 cm

• Pour le couvercle :
- Plat de 28 x 20 cm
- 2 côtés de 28 x 4 cm
- 2 côtés de 19,4 x 4 cm

Montage
Il se fait sur base pour la boîte de base et le couvercle.
Poser les 2 charnières.

Habillage extérieur
Faire la propreté du devant et des 2 côtés ;
Couper une bande de skivertex de 20 x 73 cm et la coller de charnière en charnière.
Habiller le couvercle après avoir fait les propretés, puis l'arrière et le fond extérieur de la boîte.
Poser les 4 pieds et la fermeture du vanity.

Habillage intérieur
Il est prévu, dans ce modèle, de faire une séparation amovible.
Pour cela, habiller le fond et les 2 petits côtés.
Dans du carton de 2 mm, couper 2 cartons de 8 x 14,5 cm (a), les habiller puis les coller.
Toujours dans du carton de 2 mm, couper la séparation (b) de 18,7 x 14,5 cm, l'habiller.
Marquer son épaisseur pour prendre la mesure des 2 autres cartons (c) qui vont permettre de faire glisser la cloison amovible, soit ici, 18,2 x 14,5 cm, les habiller.

Croquis n° 1.

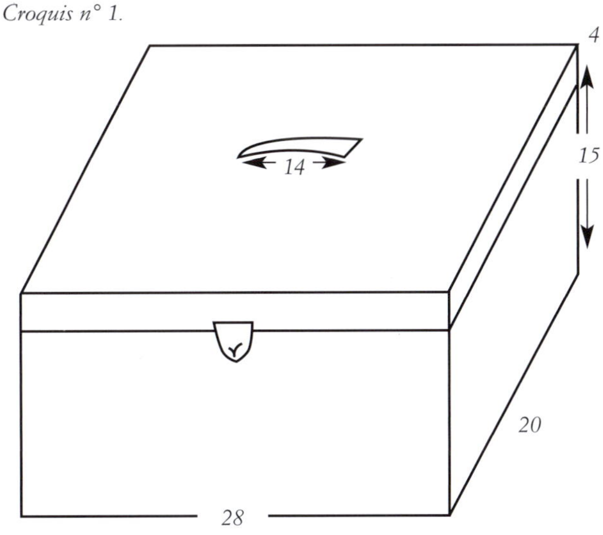

Avant de coller les cartons a et c, poser un morceau de skivertex à l'endroit de la glissière.
Coller aussi un lien pour éviter que le couvercle ne force pas trop sur la charnière à cause du poids du miroir.
Pour le couvercle, habiller 4 cartes régidex pour l'intérieur des côtés.

Pose de la poignée
Cette poignée est faite avec un tissu à charnière (lustrine) habillé de skivertex.
Faire des fentes dans le couvercle et y passer la poignée, coller à l'intérieur.
Coller ensuite, une carte de propreté, à l'intérieur du couvercle.
Faire découper un miroir de 14 x 9 cm.
Couper un carton de 18,7 x 26,7 cm (reprenez vos propres mesures), l'évider aux dimensions du miroir (14,1 x 9,1).
Habiller cet encadrement de skivertex jaune.

Coller le cadre dans le fond du couvercle et placer le miroir dans la fenêtre image avec du collant double face (croquis n° 2).

Croquis n° 2.

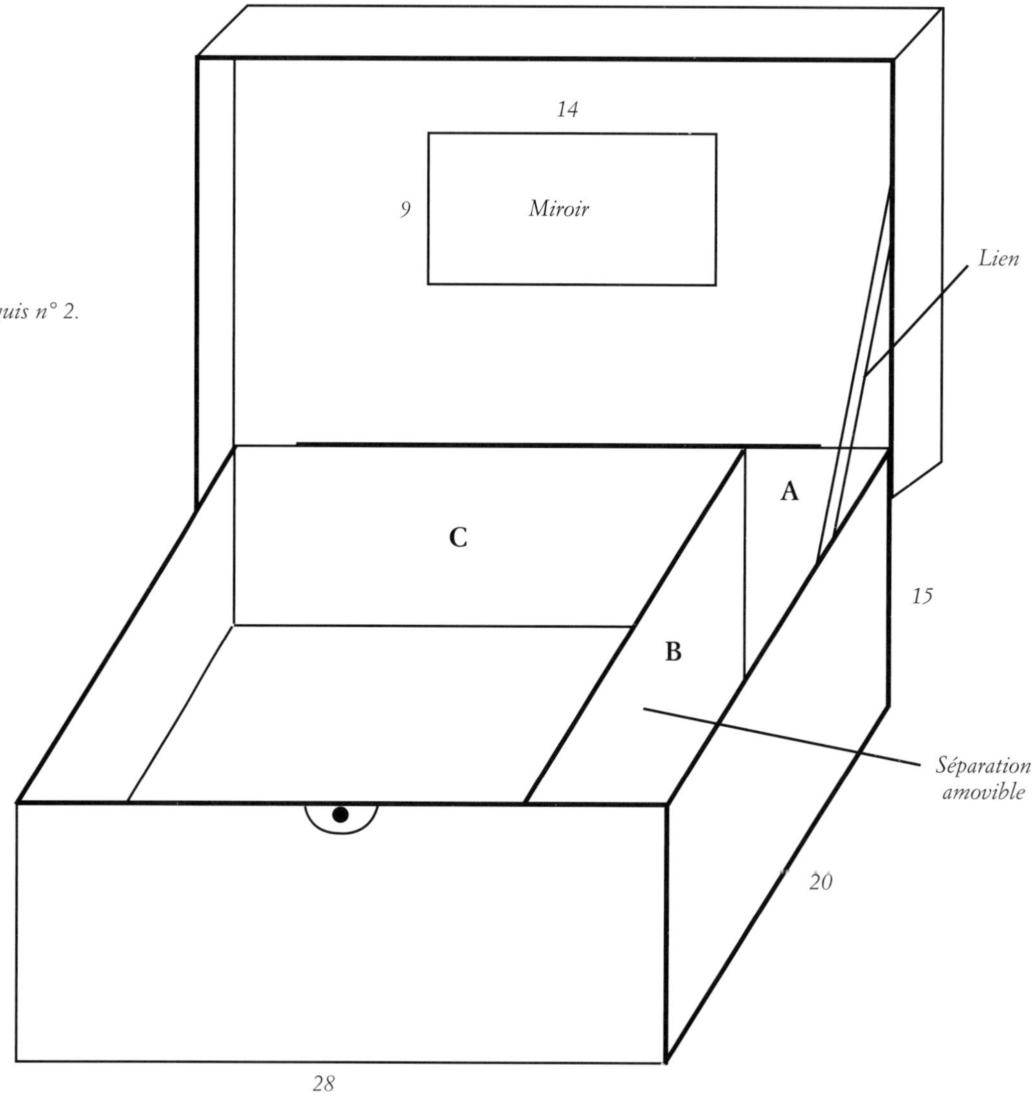

Boîte colifichet

Temps de réalisation : 2 h
Difficultés : +

C'est une boîte pour mettre des petits parfums, rouge à lèvres, fards divers, bijoux etc…
Elle est coordonnée au Vanity Case et peut prendre place dans celui-ci.
Les couvercles de cette boîte sont au même niveau que les côtés de la boîte pour pouvoir en empiler plusieurs.

Matériaux utilisés
- Skivertex framboise et jaune pâle

Dimensions
14,7 x 7,5 x 6 cm

Coupe
Dans un carton de 2,5 mm

- Base 14,7 x 7,5 cm
- 2 côtés de 14,7 x 6 cm
- 2 côtés + 1 séparation de 7 x 6 cm
- 2 couvercles 6,7 x 6,7 cm
- 2 intérieurs de couvercle de 6,1 x 6,1 cm

Habiller l'extérieur de la boîte et la tranche de la séparation.

Faire ensuite l'habillage intérieur, en commençant les fonds, puis les côtés A, B, C, D en recouvrant des cartes de régidex d'une hauteur de 5,6 cm, pour les 4 autres a, b, c, d, recouvrir des cartons de 2,5 cm (h 5,6) afin que les couvercles viennent se poser dessus et ne dépassent pas de la boîte.
Finir par l'habillage des couvercles intérieurs et extérieurs.

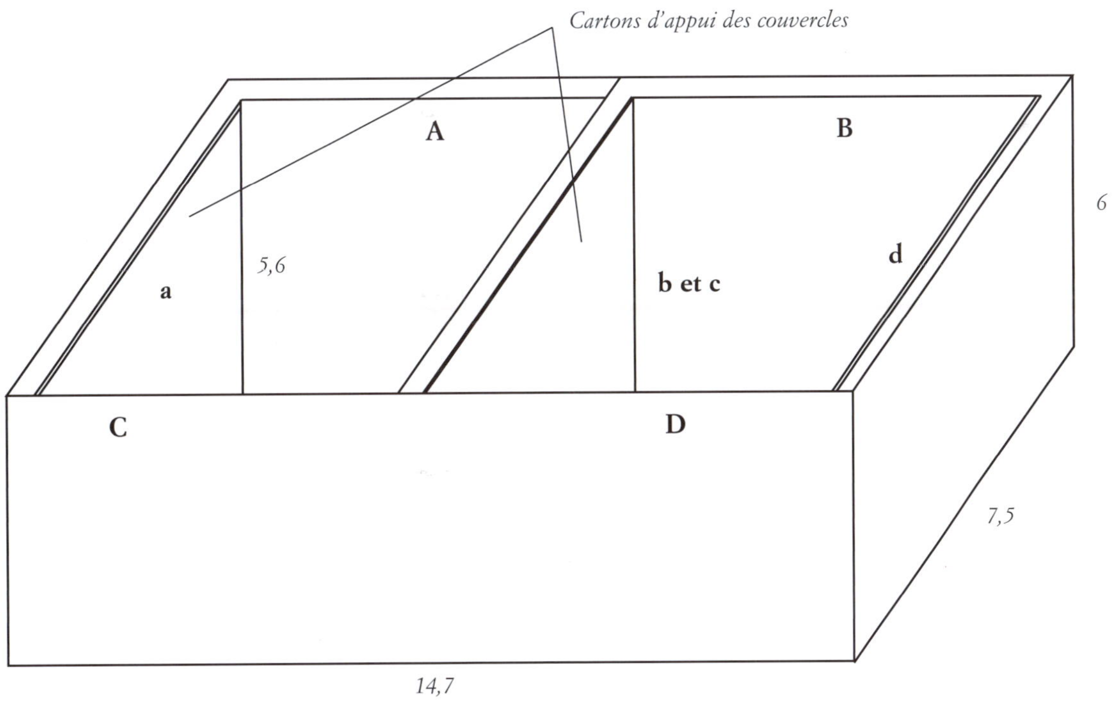

La piste de jeux et la boîte à Mikado.

La piste de jeu et ses tiroirs.

La piste de jeu

Temps de réalisation : 8 h
Difficulté : ++

Coupe (croquis n° 2)
Dans du carton de 3 mm couper :
- 2 planchers de 21 x 30,5 cm (A, B)
- 2 grands côtés :
30,5 x 6,5 cm (C, D)
- Le plancher du milieu :
20,4 x 30,5 cm (F)
- La séparation du milieu :
20,4 x 3,9 (E)

- 2 petits côtés :
20,4 x 2 cm (h, i)

• Tiroirs :
Vérifier toujours les mesures d'après votre propre boîte :

- Fond 19,7 x 14,5 cm
- 2 côtés 19,7 x 3,5 cm
- 2 côtés 13,4 x 3,5 cm

Matériaux utilisés
- Skivertex
- Papier fantaisie
- Feutrine verte

Accessoires
- Anneaux

Dimensions
21 x 30,5 x 6,5 cm
(croquis n° 1)

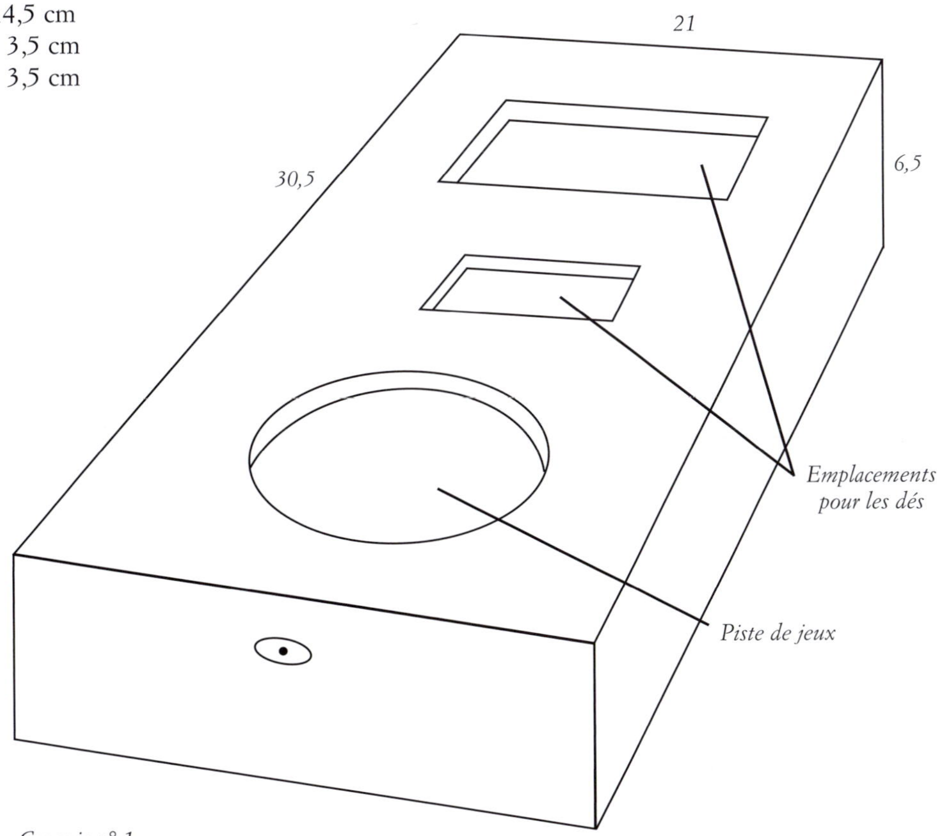

Croquis n° 1.

Dans le carton du dessus (A) faire les découpes comme l'indique le croquis n° 2 (emplacement dès, piste). Puis dans une carte régidex prendre le modèle de l'emplacement des ouvertures.

Montage

Sur les 2 grands côtés, tracer un trait à 2 cm du haut sur la longueur afin de bien positionner le plancher F du milieu (croquis n° 3).

Le montage se fait sur base, commencer par les 2 grands côtés, puis la séparation du milieu (E).

Poser le plancher du milieu F, normalement en dessous du trait, poser les petits côtés h et i puis le carton de dessus avec les ouvertures (croquis n° 4).

Avec de la carte d'encadrement découper une bande de 47,1 (3,14 x 15) cm sur 2 cm. Krafter cette bande sur le fondFf et le carton.

Faire de même pour les emplacements des différents dés.

Habillage

avec la feutrine verte habiller le fond et le rebord de la piste de jeux.

Les emplacements des dés sont habillés avec le papier fantaisie. Faire la propreté extérieure et habiller de skivertex le tour et le fond de la boîte.

Ouvrir les 2 emplacements des tiroirs puis habiller ces 2 intérieurs. Reprendre la carte régidex où les emplacements de la piste et des dés ont été marqués, rectifier puis habiller cette carte et coller.

Habiller les tiroirs.

Vous pouvez modifier les séparations intérieures suivants les différents jeux que vous voulez y ranger.

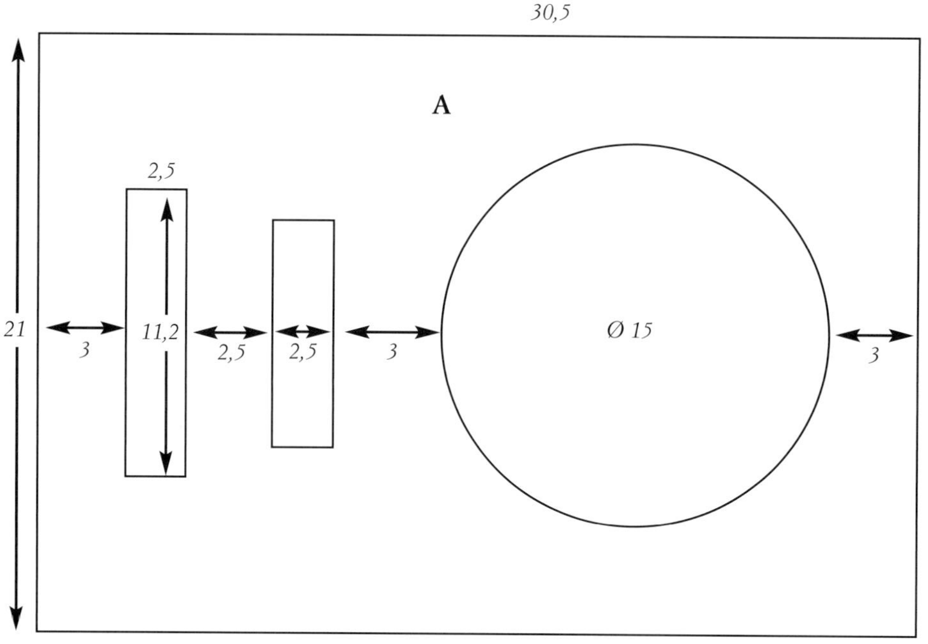

Croquis n° 2.

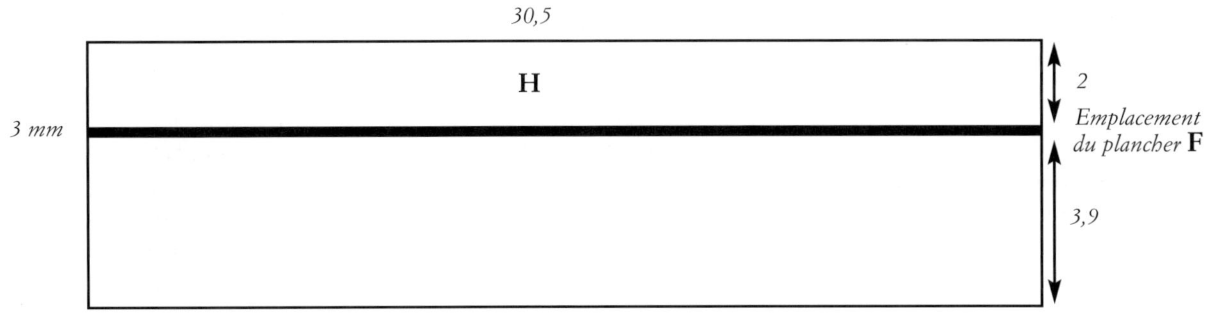

Croquis n° 3.

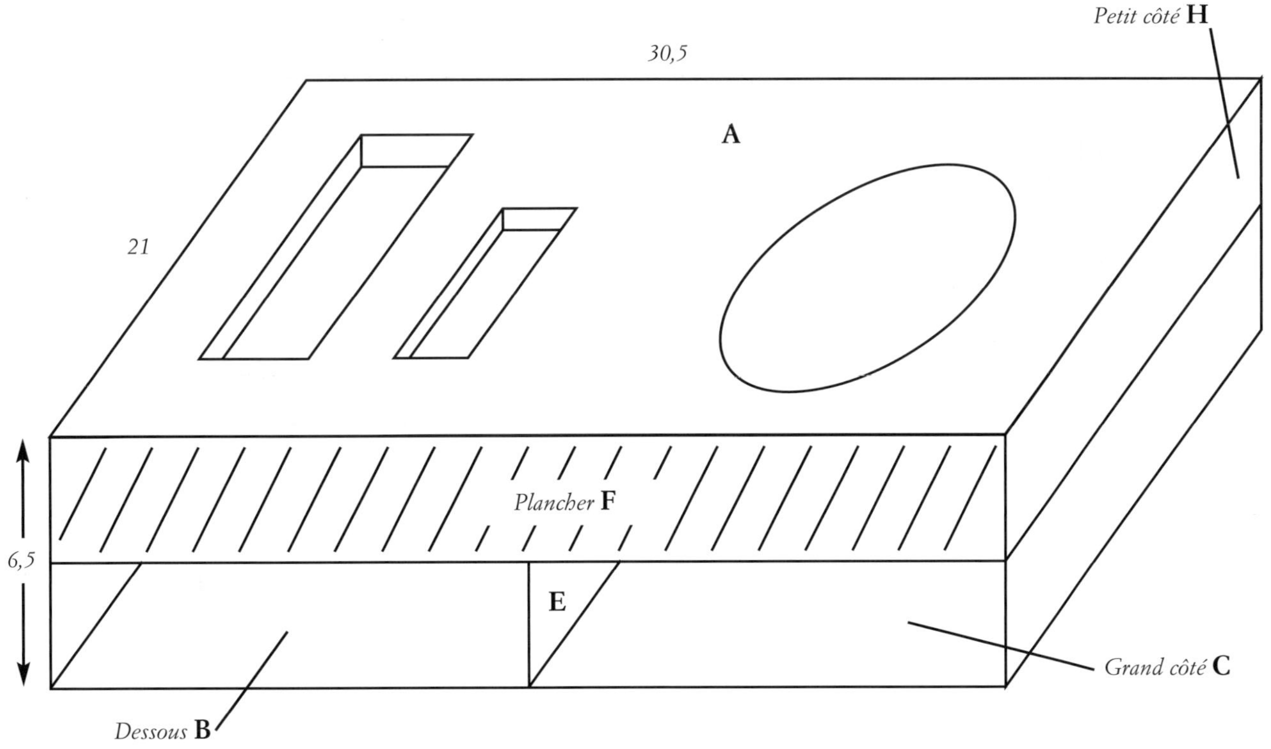

Croquis n° 4.

La boîte à Mikado

Temps de réalisation : 3 h
Difficulté : +

Coupe
Dans du carton de 3 mm :
- Base 21 x 4,5 cm
- 2 côtés 21 x 3 cm
- 2 côtés 3,9 x 3 cm
Le couvercle est composé de
2 parties de 10,4 x 4,5
La fermeture est un rectangle de
8 x 3 évidé à l'intérieur croquis n° 2.

Matériaux utilisés
- Skivertex orange
- Relon vert

Dimensions
21 x 4,5 x 3 cm
(croquis n° 1)

Montage
Il se fait sur base.
Poser ensuite les charnières pour les 2 couvercles.

Habillage intérieur
Habiller d'abord les 2 charnières.
Puis recouvrir de papier des cartes de régidex (hauteur - 5 mm) de papier.
Pour le dessous des couvercles, habiller des cartes qui doivent être de 2 mm en moins que l'intérieur de la boîte afin de ne pas gêner la fermeture.

Habillage extérieur
Faire l'habillage extérieur en skivertex de charnières à charnières, puis habiller les 2 couvercles.
Finir par l'habillage de 2 petits côtés et le dessous de la boîte.
Coller, sur un des couvercles, la moitié de la fermeture. Sur l'autre partie du couvercle, coller un petit carton habillé qui va venir bloquer l'ouverture de la boîte.

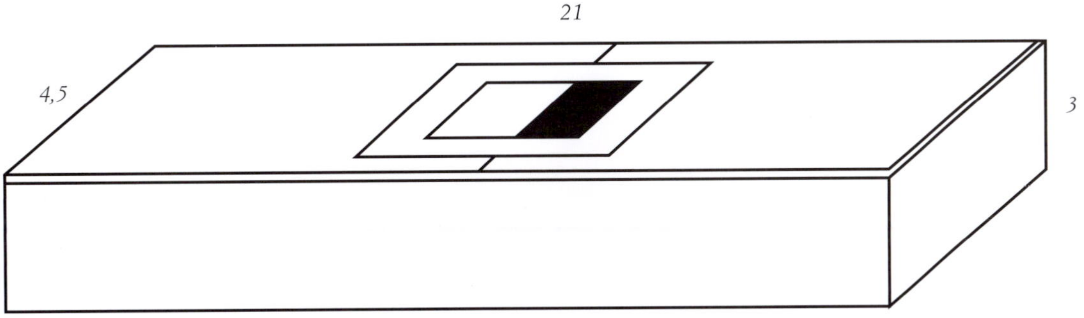

Croquis n° 1.

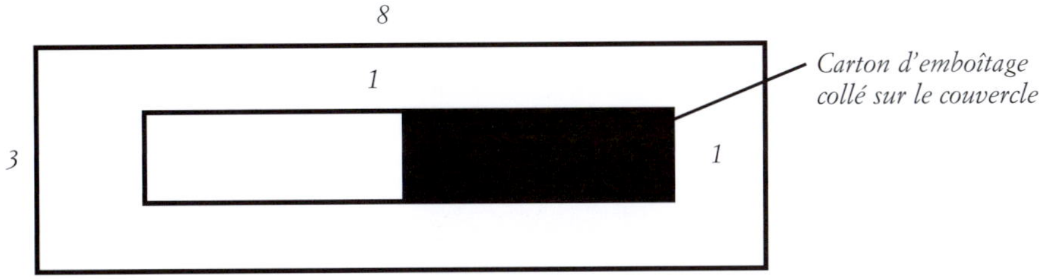

Croquis n° 2.

Le chevalet pour peindre.

Le chevalet de table pour peintre avec tiroirs

Temps de réalisation : 10 h
Difficulté : ++

Coupe
Dans du carton de 3 mm
- 2 fonds de 23 x 33 cm
- 2 côtés de 33 x 6 cm
- 1 séparation de milieu de 22,4 x 6 cm
- 2 cartons de 23 x 27 cm (C, D)
- Bandes de carton de 23 x 4 cm (a), 23 x 2 cm (b, c, d)

• Tiroirs
Dans du carton de 2,5 mm
- Base de 16 x 21,8 cm
- 2 côtés de 16 x 5,2 cm
- 2 côtés de 15,4 x 5,2 cm
- 2 devants rajoutés sur le devant des tiroirs de 23,2 x 7,5 cm A et B

Matériaux utilisés
- Lin uni
- Lin à rayures
- Skivertex rouge
- 2 poignées

Dimensions
23 x 33 x 6 cm
(croquis n° 1)

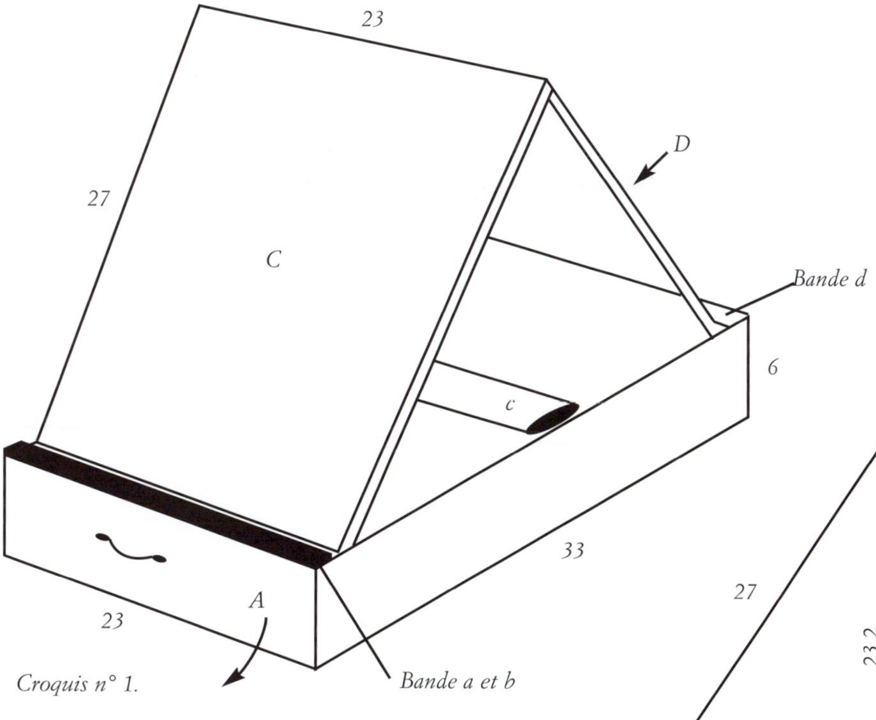

Croquis n° 1.

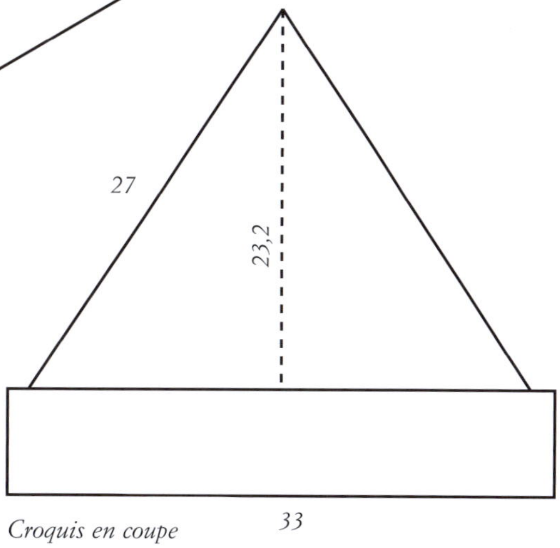

Croquis en coupe

Montage

Sur le fond et les 2 côtés, tracer au préalable l'emplacement de la séparation.

Monter sur base les 2 côtés, puis la séparation et le 2e fond sur le dessus (croquis n° 2).

Monter les 2 tiroirs.

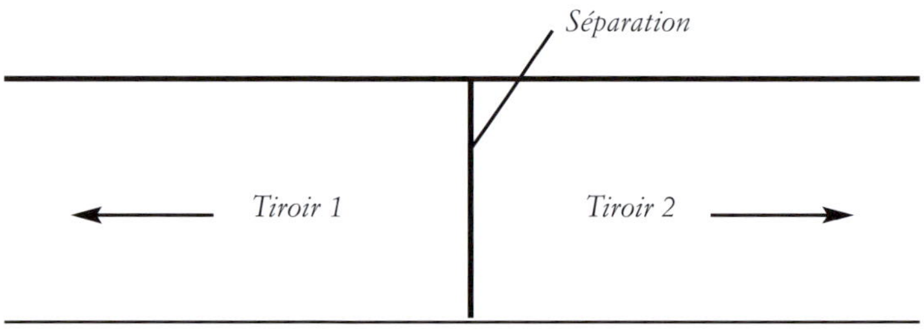

Croquis n° 2.

Le chevalet de profil, tiroirs ouverts.

Habillage

Faire la propreté sur les 2 grands côtés de la boîte, le dessus et le dessous, puis habiller le tour de la boîte avec une bande de tissu en lin uni de 37 x 60 cm.
Rabattre le tissu débordant à l'intérieur des tiroirs.
Faire l'habillage intérieur de l'emplacement des tiroirs. Puis continuer l'habillage extérieur des 2 tiroirs en skivertex, sans oublier les devants supplémentaires A et B. Avant de commencer l'habillage de l'intérieur, poser la poignée sur le devant du tiroir et coller A et B sur les tiroirs, les attaches parisiennes de la poignées viennent se refermer à l'intérieur des tiroirs de façon à ce que les devants A et B soient bien solidaires.

Détail de la pose du devant supplémentaire du tiroir.

Pose de la poignée avec des attaches parisiennes.

Montage des cartons d'appui

Couper une bande de tissu en lin à rayures de 27 x 63 cm et coller les cartons C et D et la bande (a) comme l'indique le croquis n° 3, laisser entre A et C et entre C et D, 1 cm pour la charnière.
Rabattre le tissu dépassant à l'arrière.
Habiller des cartes régidex de 22,5 sur 26,5 cm pour faire la propreté arrière des cartons C et D.
Vous avez donc une bande de 3 cartons solidaires.
Cette bande va être reliée à la boîte de base avec tiroir en collant la bande (a), uniquement.
Habiller ensuite les 3 autres bandes b, c, d.
L'une b, est collée sur la bande (a) pour permettre de poser un carnet à dessin sans qu'il ne puisse tomber, une autre d, du côté opposé à la bande(a), pour tenir en position V les cartons C et D, et enfin une 3ème c, au milieu pour permettre de régler le V plus ou moins ouvert.

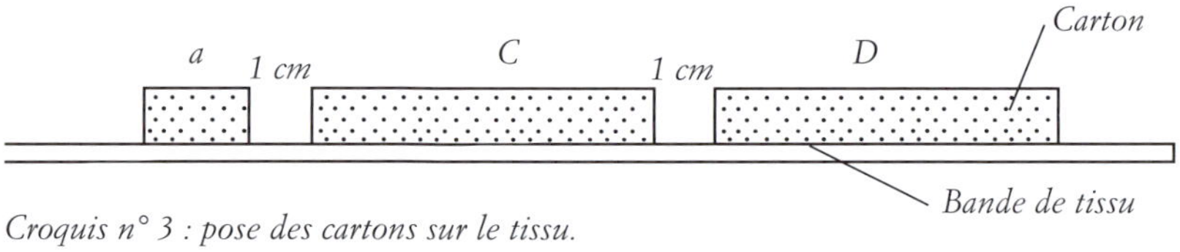

Croquis n° 3 : pose des cartons sur le tissu.

Le chevalet de peintre vue de face.

Le porte-pinceau

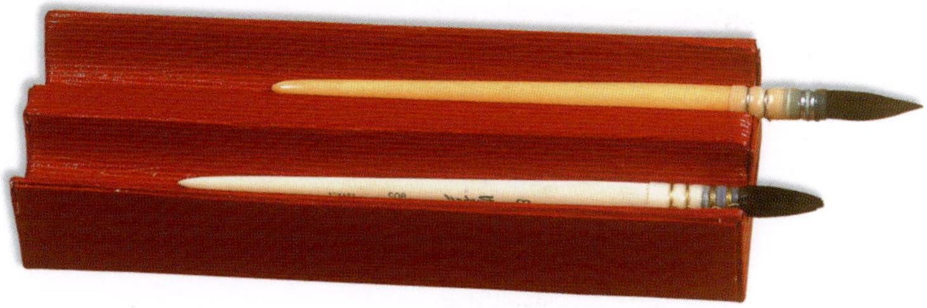

Temps de réalisation : 2 h
Difficulté : ++

Coupe
Dans du carton de 2,5 mm
- Base : 20 x 7 cm
- 2 côtés de 20 x 3,5, l'une des grandes longueurs biseautée pour que la cartonnette qui va venir faire le creux puisse bien s'appuyer.
- 2 côtés de 6,5 x 3,5 cm découpés comme l'indique le croquis n° 2
- 1 bande de 1 x 19,5 cm biseautée sur les 2 longueurs pour les mêmes raisons que les grands côtés
- 1 bande de soutien de 19,4 x 3,3

Montage
Il se fait sur base comme habituellement, la bande soutien sera kraftée sur la base et la bande de 1 cm.

Habillage
faire les propretés extérieures, puis habiller en premier le dessus (où il y a les creux, cranter le tissu débordant au niveau des creux) puis habiller le tour à ras en haut et dépassant en bas.
Finir par le dessous.

Matériaux utilisés
- Skivertex rouge

Dimensions
20 x 7 x 3,5 cm
(croquis n° 1)

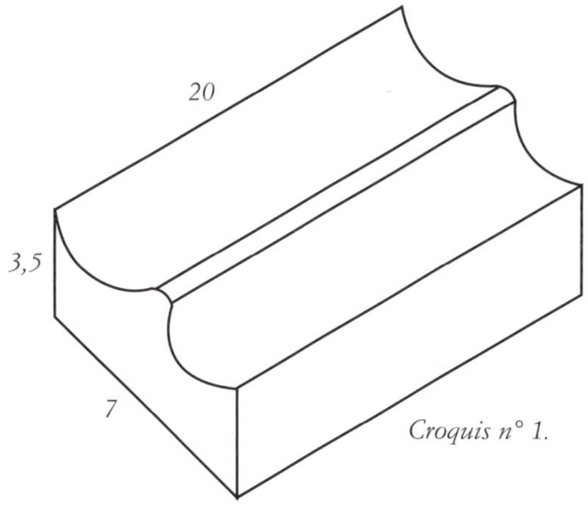

Croquis n° 1.

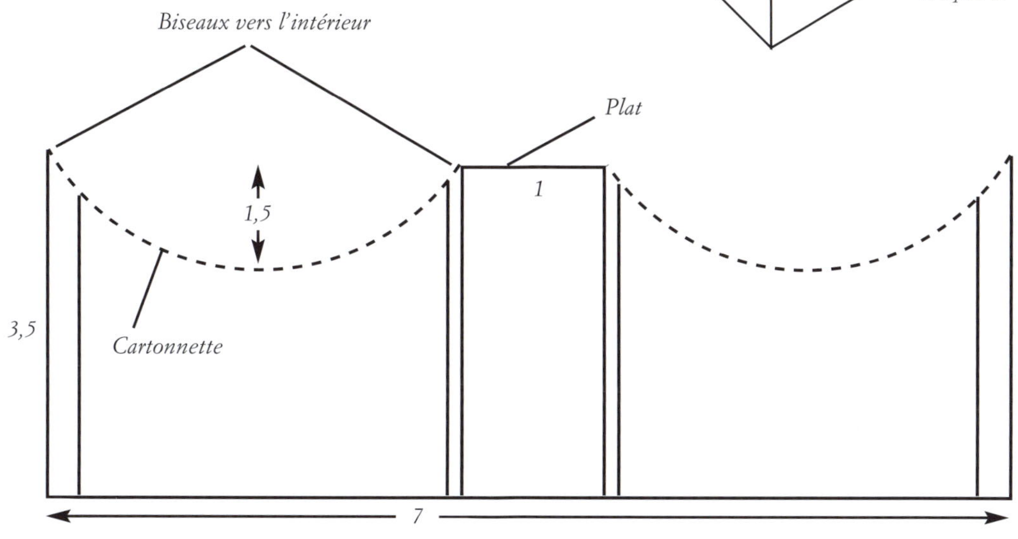

Croquis n° 2 : coupe de profil.

L'ensemble à jus de fruit pour l'été.

Le porte-verres

Temps de réalisation : 5 h
Difficulté : ++

Coupe
Dans du carton de 3 mm
- Base 24,2 x 17,2 cm
- 2 côtés 24,2 x 6 cm
- 2 côtés 16,2 x 6 cm (croquis n° 1)
- Poignée 23,6 x 14 cm (la hauteur de la poignée est en fonction de la hauteur des verres)

Pour la découpe de la poignée suivre les indications du croquis n° 2.

Montage
Avant le montage, tracer l'emplacement de la poignée sur le fond et les 2 petits côtés.
Le montage se fait sur base.
Avant de krafter la poignée en prendre le modèle dans la carte bulle ou régidex en indiquant A sur A et B sur B.

Matériaux utilisés
- Tissu à rayures
- 3 papiers cirés et toilés de couleurs coordonnées au tissu

Dimensions
24,2 x 17,2 x 6 cm
(croquis n° 1)

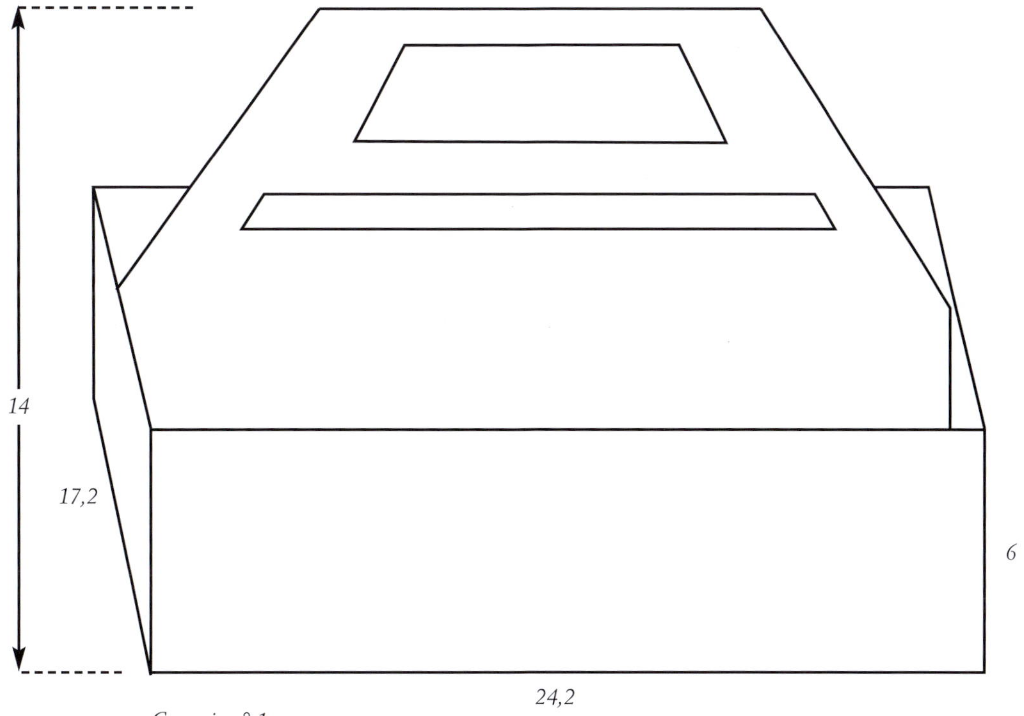

Croquis n° 1.

Faire la propreté des 4 côtés extérieurs, puis couper une bande de tissu de 86 x 10,5 cm. Reborder à l'intérieur et dessus, puis habiller le dessous. Ensuite habiller les fonds intérieurs puis les 3 côtés, on terminera par la poignée. Commencer par habiller les tranches. Reprendre les 2 cartes modèles, ôter 3 mm à la base et reprendre aussi légèrement sur les côtés. Habiller ces 2 cartes de tissu ou papier.

Dans le même esprit, on peut aussi faire le porte raviers pour présentation d'amuse bouche.

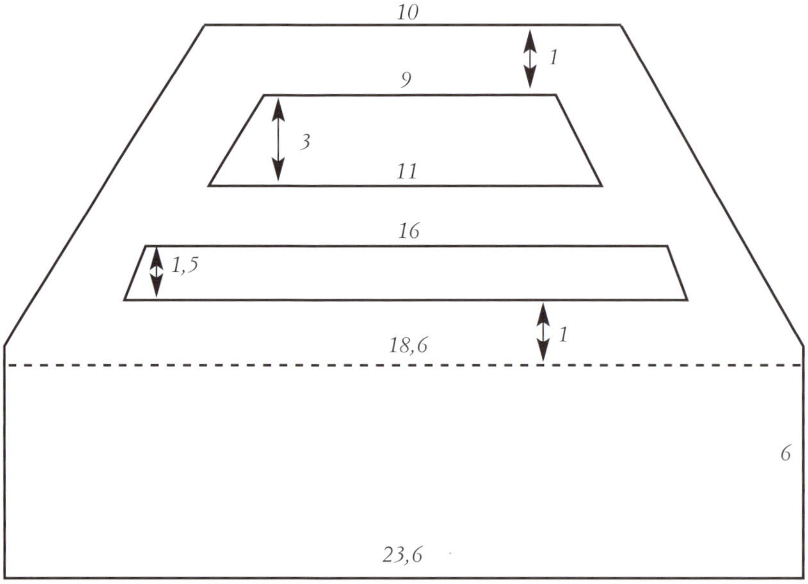

Croquis n° 2 : la poignée intérieure.

Le porte-verres et le porte-raviers.

Le porte-serviettes à cocktail

Temps de réalisation : 4 h
Difficulté : +

Coupe
- Base 16 x 16 cm
- 2 côtés 16 x 3 cm
- 2 côtés 15,4 x 3 cm, découpe des 4 côtés suivant les indications du croquis n° 2
- Couvercle 15 x 15 cm

Montage
Il se fait sur base.

Matériaux utilisés
- Tissu rayé
- 3 papiers unis de couleurs coordonnées au tissu rayé

Dimensions
16 x 16 x 3 cm (croquis n° 1)

Habillage
Couper une bande de tissu de 66 x 7 cm et la coller sur le pourtour.
Faire l'habillage intérieur puis celui du couvercle.

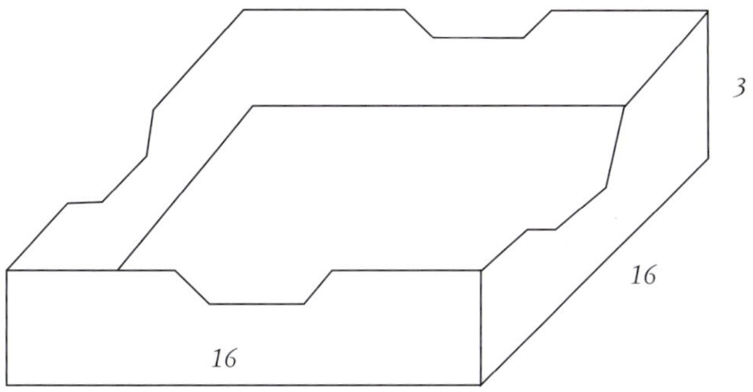

Croquis n° 1.

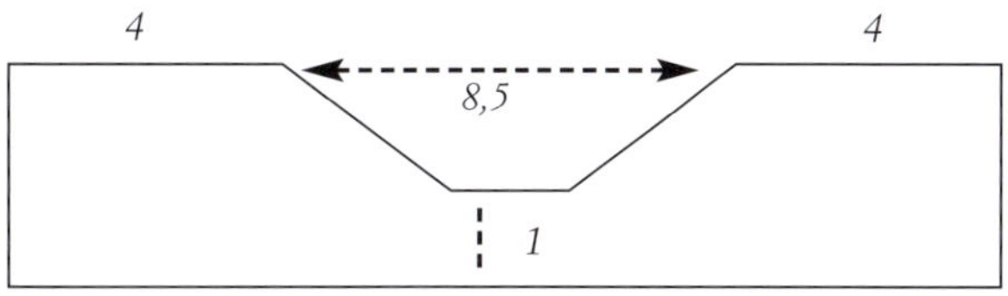

Croquis n° 2.

Le porte-serviettes avec couvercle.

L'étui à sous-verres.

L'étui pour sous verre

Temps de réalisation : 4 h
Difficulté : +

Coupe
Dans du carton de 2,5 mm
- 2 fonds de 9 x 9 cm
- 2 côtés de 9 x 3,5 cm
- 1 côté de 8,5 x 3,5 cm
- 10 sous-verres de 8 x 8 cm

Sur le fond monter 2 grands côtés face à face, puis le plus petit entre les 2 grands, ensuite krafter le 2ème fond sur ces 3 côtés.

Habillage
Faire la propreté du dessus, dessous et l'arrière, habiller de tissu, puis habiller des cartes bulles pour les 2 côtés.
Faire l'habillage intérieur, puis les 10 sous-verres. Afin que les 10 sous-verres ne puissent sortir, finir par une lanière de 1 cm de large qui sera collée sur l'étui et se fermera grâce à un petit bouton.

Matériaux utilisés
- Tissu à rayure
- 3 papiers unis de couleurs coordonnées
- bouton en laiton

Dimensions
9 x 9 x 3,5 cm (croquis n° 1)

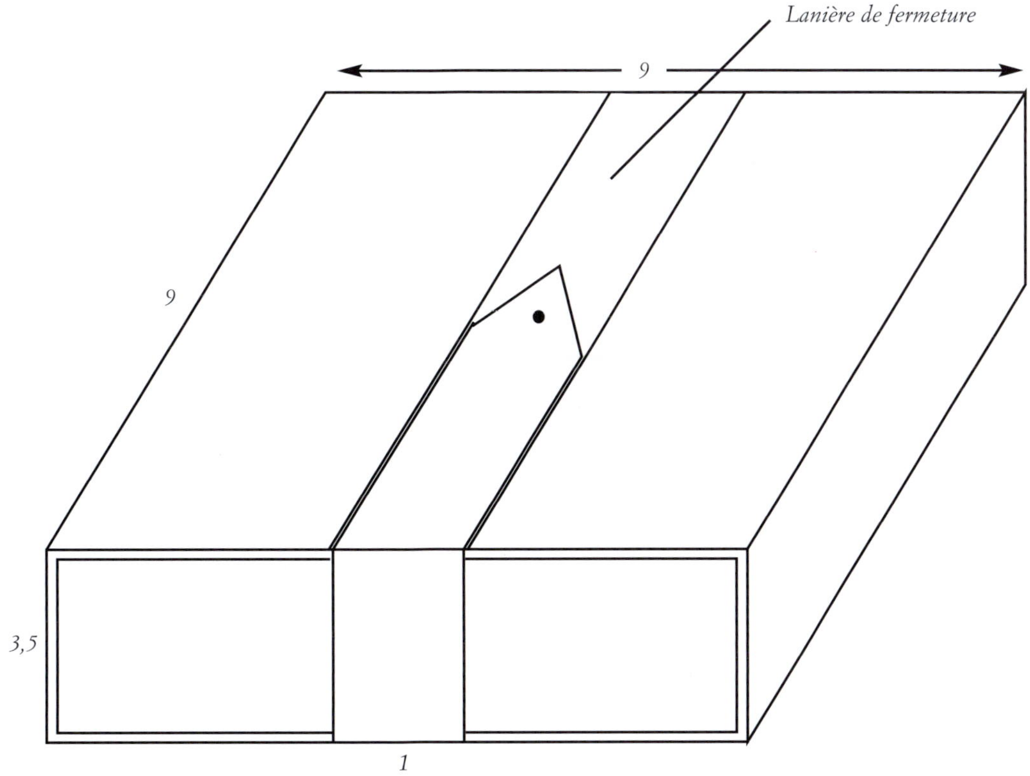

Etui de présentation fermé.

Etui de présentation ouvert.

L'étui de présentation

Temps de réalisation : 3 h
Difficulté : +

Ce modèle est un étui pour présenter un livre relié, planche d'herbier, planche d'aquarelles, livre d'or...
L'explication donnée ici, est indiquée pour un document de 27 x 18,5 x 1,5 cm.

Matériaux utilisés
- Tissu relon vert d'eau
- Papier reliure pasteline
- Feuilles d'or
- Ruban de voile

Dimensions
Fermé : 20 x 28 x 2 cm
Ouvert : 46,5 x 28 x 2 cm

Coupe
Dans du carton de 2 mm
- Base (C) de 20 x 28 cm
- 2 côtés (F, G) de 20 x 2 cm découpés comme l'indique le dessin n° 1 (c'est à dire que l'on ôte 3 mm sur 5,3 cm).
- 1er carton du dessus (E) 14 ,9 x 28 cm
- 2ème carton du dessus (A) de 5,2 x 28 cm
- 2 cartons (B, D) de 28 x 2,4 cm (croquis en coupe n° 2)

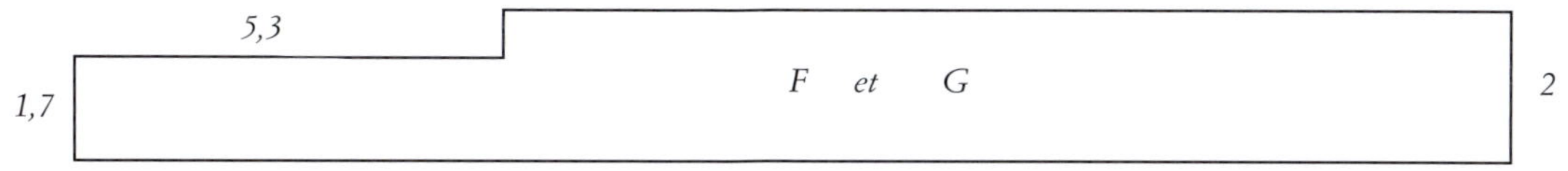

Croquis n° 1 : découpe des 2 côtés F et G.

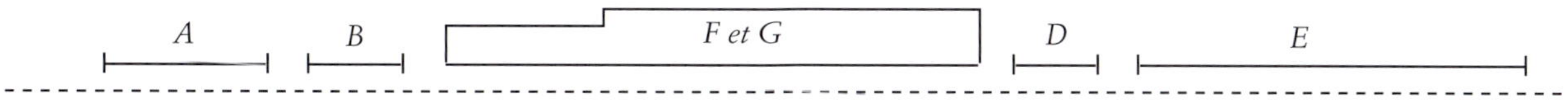

Croquis n° 2 : dessin en coupe.

a = 5,2 x 28
b = d = 2,4 x 28
c = 20 x 28
e = 14,9 x 28

Montage/habillage extérieur
Commencer par monter et krafter les 2 côtés f et g sur la base C.
Couper un morceau de tissu de 51 x 36, positionner les cartons sur ce tissu comme l'indique le croquis n° 2, en laissant entre les cartons 0,5 cm pour faire charnière.
Coller ces cartons sur le tissu, et reborder le tissu dépassant à l'intérieur. Habiller les cartons dits charnière B et D en papier or à la mesure exacte des cartons soit 28 sur 7 cm.

Habillage intérieur
Découper des cartes régidex de la dimension intérieure des cartons moins 0,5 cm sur la longueur et la largeur.
Habiller ces cartes de papier fantaisie.
Avant de les coller, sous celle qui va recevoir le document passer un ruban suffisamment long pour permettre de soulever le document.
Faire ensuite les fentes dans les cartons A et C pour passer le ruban de voile qui fermera l'étui.
Ces fentes sont un peu moins larges que la largeur du ruban pour que celui-ci puisse légèrement froncer.

Etui pour livre.

L'étui pour livre

Temps de réalisation : 3 h
Difficulté : +

Cet étui est idéal pour protéger un livre précieux. Prendre les dimensions du livre et à ces mesures rajouter 1 cm sur la longueur et 0,5 sur la largeur. Le modèle décrit est adapté pour un livre de 5 cm d'épaisseur, 11 cm de large et 17,5 cm de haut.

Matériaux utilisés
- Skivertex bleu
- Papier reliure

Dimensions
13 x 18,5 x 6 cm
(croquis n° 1)

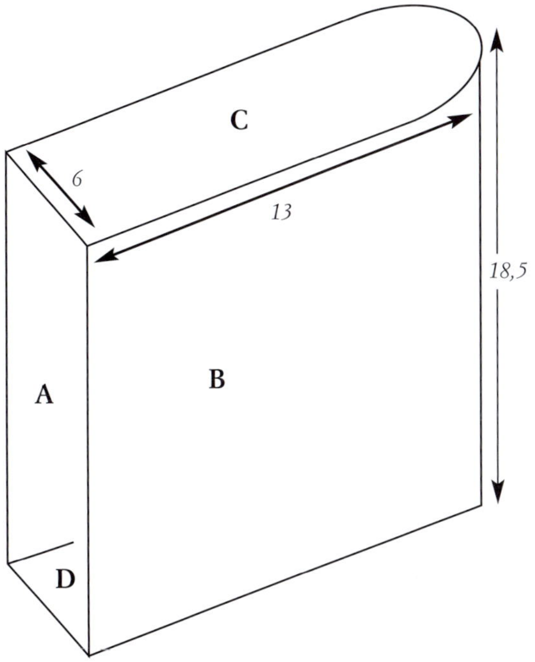

Croquis n° 1.

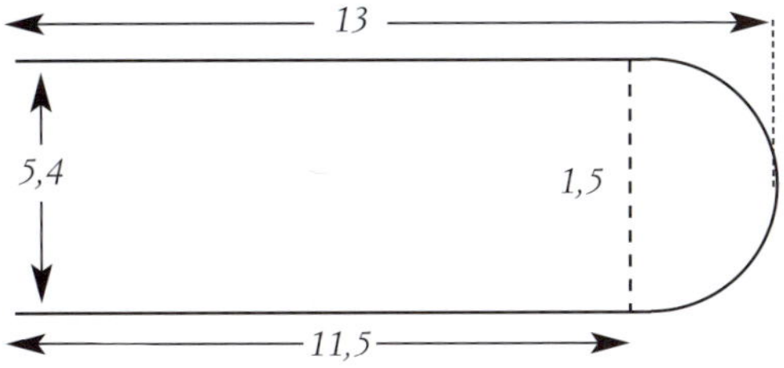

Croquis n° 2.

Coupe
2 cartons de 18,5 x 11,5 (A, B), 2 cartons (C, D) arrondis à une extrémité de 13x 5,5 croquis n° 2, le dos arrondi est réalisé en carte d'encadrement de 18,5 x 6,7 cm.
Les cartons A et B doivent être biseautés sur l'une des grandes longueurs pour que la carte d'encadrement de l'arrondi puisse bien venir s'appuyer (biseaux vers l'extérieur).

Montage
Krafter les 2 cartons C et D entre les cartons A et B. Krafter ensuite la cartonnette sur l'arrondi, puis en coller une deuxième par dessus pour consolider.

Habillage
Sur la partie arrondie poser 2 cordonnets à 3 et 3,5 cm du haut.
Faire la propreté en régidex des côtés A et B (croquis n° 3).
Couper une bande de skivertex de 35 x 23 cm, la coller en prenant soin de bien la façonner à l'emplacement des cordonnets puis habiller C et D avec des cartes régidex recouvertent de skivertex et terminer par l'habillage intérieur.

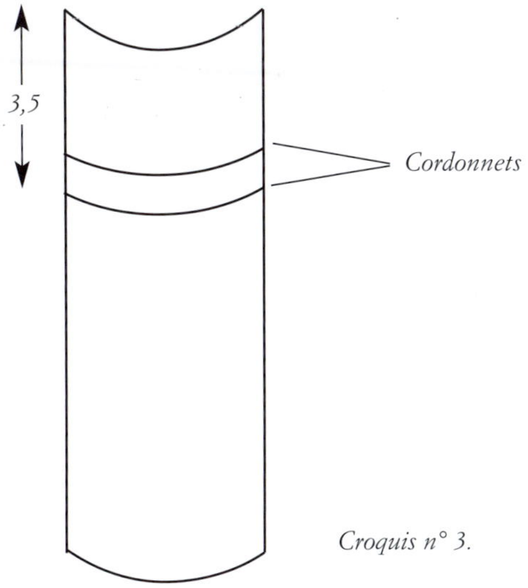

Croquis n° 3.

Le porte courrier mural.

Porte-courrier mural

Temps de réalisation : 4 h
Difficulté : +

Ce porte courrier mural comprend 3 casiers dans ce modèle, mais il peut y en avoir plus.

Matériaux utilisés
- Tissu à fleurs à bandes
- Relon uni vert

Dimensions
46 x 25 x 8 cm

Coupe
Dans du carton de 3 mm couper les 2 panneaux de côté du porte courriers comme l'indique le croquis.
- 1 carton arrière de 46 x 24,4 cm
- 3 planchers A, B, C de 24,4 x 2 cm
- 3 devants de 24,4 x 11 cm

Montage
Tracer au crayon l'emplacement des 3 planchers sur le carton arrière.
Krafter les 2 panneaux de côté à l'extérieur de l'arrière, puis les 3 planchers.
Finir par les 3 devants.

Habillage
Commencer par habiller l'arrière du porte courrier mural.
Passer 2 anneaux pour l'équilibrage.
Continuer par les devants et les dessous de 2 cm, puis habiller les 2 côtés.
Faire l'habillage intérieur.

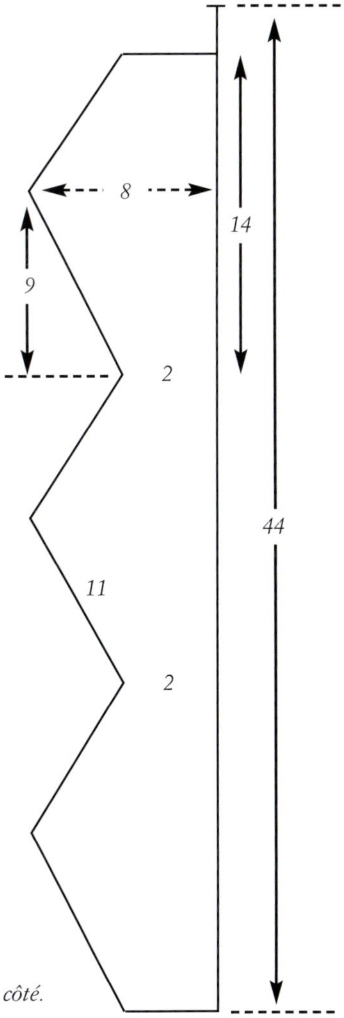

Vue de côté.

Le sac de soirée.

Le sac de soirée

Temps de réalisation : 3 h
Difficulté : +

Matériaux utilisés
- Cartonnette d'encadrement de 0,8 mm d'épaisseur
- Tissus sur papier moiré avec des effets de reflets de couleurs différentes suivant la lumière
- Fermeture à pression
- Pompon
- Feutrine et strass

Dimensions
25 x 20 x 18 cm

Coupe
Dans la cartonnette d'encadrement tracer le modèle du sac comme l'indique le croquis n° 1.
Couper au cutter, marquer à la pointe sèche les traits tracés en pointillés sur le croquis, de façon à ce que la cartonnette se plie sans se casser.

Habillage extérieur
Couper un rectangle de tissu de 57 x 29 cm, et coller ce tissu sur la cartonnette, découper en suivant la forme du sac dépliée à 2 cm du bord.
Marquer à nouveau les pliures, puis coller le tissu débordant à l'intérieur.
Couper ensuite 2 bandes de tissu de 37 x 9 cm, pour les côtés souples du sac plier en 2 pour obtenir une bande de 18,5 x 9 cm.
Sur 3 côtés de ces bandes plier à 1 cm et dans les 2 angles couper le surplus de tissu croquis n° 2 (parties hachurées).
Le moment le plus délicat est de coller ces bandes sur le fond et les 2 côtés du sac.
Mettre de la colle sur les 2 cm de papier à l'intérieur du sac, d'abord sur le fond, mettre des pinces protégées pour le séchage, attendre, puis faire la même chose pour les 2 autres côtés.

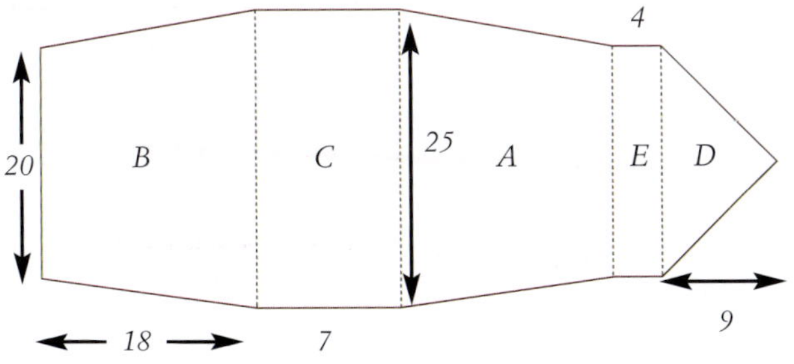

Croquis n° 1.

Habillage intérieur
Couper une cartonnette pour le fond C de 23,5 x 6,8 cm, l'habiller de tissu qui sera rebordé sous le fond sur les 2 petits côtés et remontera sur les 2 grands côtés A et B du sac. Coller.
Découper 2 cartonnettes de 23,5/19,5 x 16,8 cm (croquis n° 3) pour habiller les 2 côtés A et B intérieurs.

Recouvrir de tissu rebordé sur tout le tour.
Avant de coller sur le côté B poser une partie de la fermeture, puis coller les habillages intérieurs du sac.
Courber légèrement le carton ainsi habillé pour pouvoir le rentrer plus facilement et ne pas tacher le sac de colle.
Poser la deuxième partie de la fermeture sur la partie D du sac et faire l'habillage interne avec une cartonnette réduite de 2 mm sur les 3 côtés du triangle. Préparer la poignée en découpant une bande de régidex de 26 x 2 cm couper en pointe à chaque extrémité, l'habiller de tissu et coller sur 3 cm de chaque côté sur la partie E.
Poser une attache parisienne de chaque côté pour consolider.
Faire ensuite la propreté intérieure de cette même partie. Finir en posant un pompon, une fleur ou tout autre motif pour cacher l'attache de la fermeture.

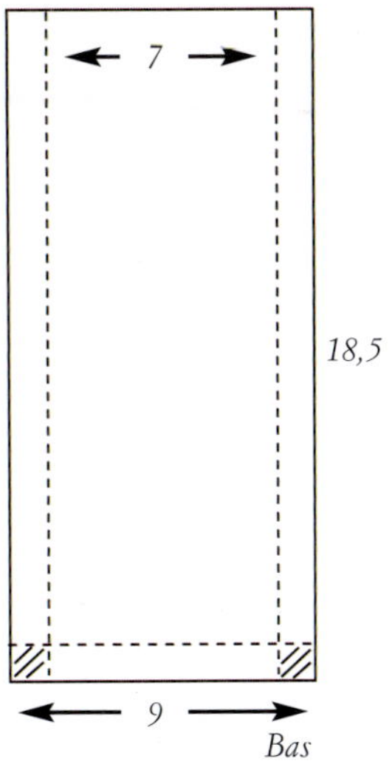

Croquis n° 2.

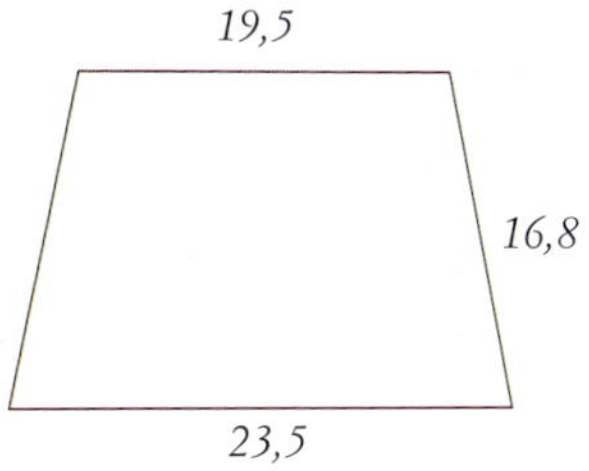

Croquis n° 3.

Le sac d'après-midi et son porte-chéquier.

Le sac d'après-midi

Temps de réalisation : 5 h
Difficulté : ++

Matériaux utilisés
- Skivertex croco
- Relon uni
Carte d'encadrement de 500 g
- 1 bouton

Dimensions
35 x 9 x 28 cm

Coupe
Carton gris de 2 mm.
Couper un fond de 35 x 9 cm puis 2 côtés de 35 x 28 cm comme indiqué sur le croquis n° 1.
Avant le montage, dans de la carte d'encadrement, prendre le patron des 2 côtés A sur A et B sur B pour l'habillage intérieur.

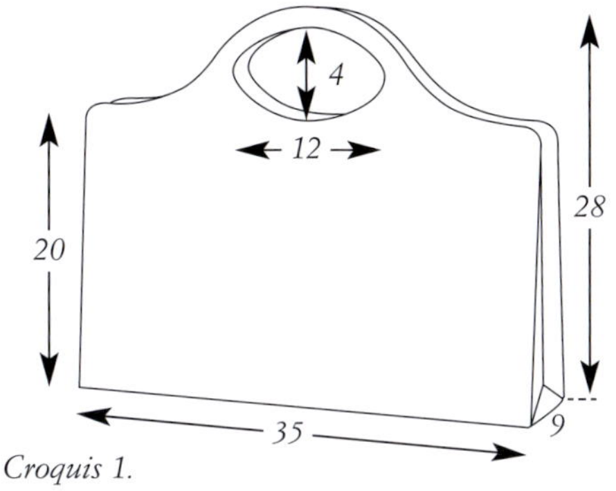

Croquis 1.

Montage et habillage extérieur
Krafter (hors base) les 2 côtés A et B à l'extérieur du fond.
Faire les propretés extérieures en régidex de ces 2 côtés ainsi que celle du fond.
Habiller avec une fine bande de 3 mm de skivertex la tranche interne des poignées, ceci pour éviter qu'ensuite on ne voit pas trop le crantage.
Couper une bande de skivertex croco de 39 x 70 cm. Coller cette bande en une seule fois sur 2 côtés et le fond, reborder le papier dépassant à l'intérieur du sac et cranter au niveau des poignées.
Pour les soufflets, couper 2 bandes de skivertex de 42 x 13 cm. Les plier en deux et coller de façon à obtenir des bandes de 21 x 13 cm. Plier ces bandes à 2 cm sur 3 côtés (croquis n° 2) et coller ces 2 bandes sur les 2 côtés et le fond (voir astuce).
Pour faciliter le séchage faire tenir ces bandes avec des pinces protégées avec des cartons pour qu'elles ne marquent pas le papier.
Habiler aussi un régidex pour le fond, le coller en premier avec le tissu dépassant qui remonte sur les 2 grands côtés.
Avant de coller les 2 cartes intérieures, faire une fente sur un des côtés cartonnés pour passer la patte de fermeture.
Coller les cartes qui vont finir de maintenir les soufflets du sac.
Vous pouvez faire une poche à soufflets pour vos papiers ou votre téléphone portable.
Pour terminer, poser le bouton qui va permettre de fermer la patte.

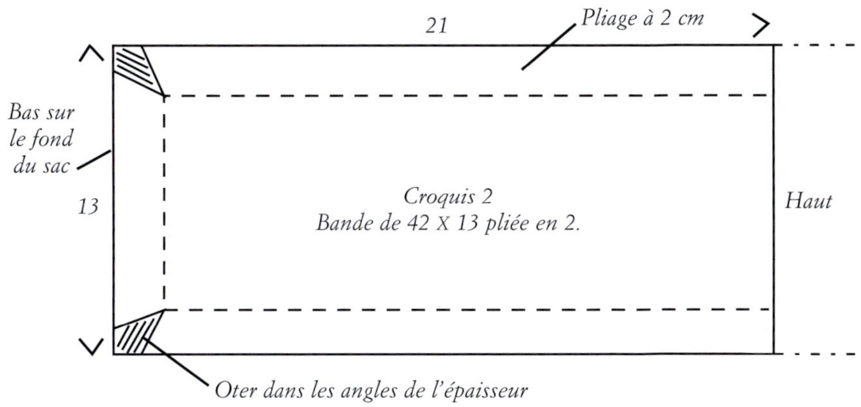

Astuce

Si, comme pour le modèle, vous utilisez du skivertex, passer un coup de toile émeri à grains très fins sur les endroits à encoller, de façon à ôter l'apprêt brillant : la colle adhérera mieux.

Le porte-chéquier et cartes.

Le porte-chéquier

Temps de réalisation : 2 h
Difficulté : +

Coupe
Dans du carton de 1 mm, couper 2 cartons de 19 x 11 cm.
Dans la carte d'encadrement :
- 2 cartes de 10,5 x 18,5 cm
- 1 carte de 8 x 18 cm
- 3 cartes de 10,5 x 5 cm
  (croquis n° 1)

Habillage
Couper un morceau de skivertex de 28 x 33 cm.
Coller les 2 cartons de 11 x 19 cm sur le skivertex en laissant tout autour 2 cm et entre les 2 cartes 1,7 cm.
Coller le skivertex débordant sur les cartons, puis avec une bande de skivertex de 6 x 18,8 cm, habiller la partie charnière.

Matériaux utilisés
- Skivertex croco
- Relon uni
- Carte d'encadrement 500 g

Dimensions
23,7 x 19 cm

Prendre l'une des cartes de 10,5 x 18,5 cm et l'habiller de relon.
Celle de 8 x 18,5 cm sera habillée de skivertex croco, elle est rebordée sur l'une des longueurs de 18,5 cm. Reborder le skivertex des 3 autres côtés sur l'arrière de la 1ère carte.
Coller l'ensemble sur l'un des cartons.
L'habillage de l'autre partie se fait comme pour le porte boucles d'oreilles expliqué (page 71).
Coller sur l'autre carton.
Mettre le tout sous presse.

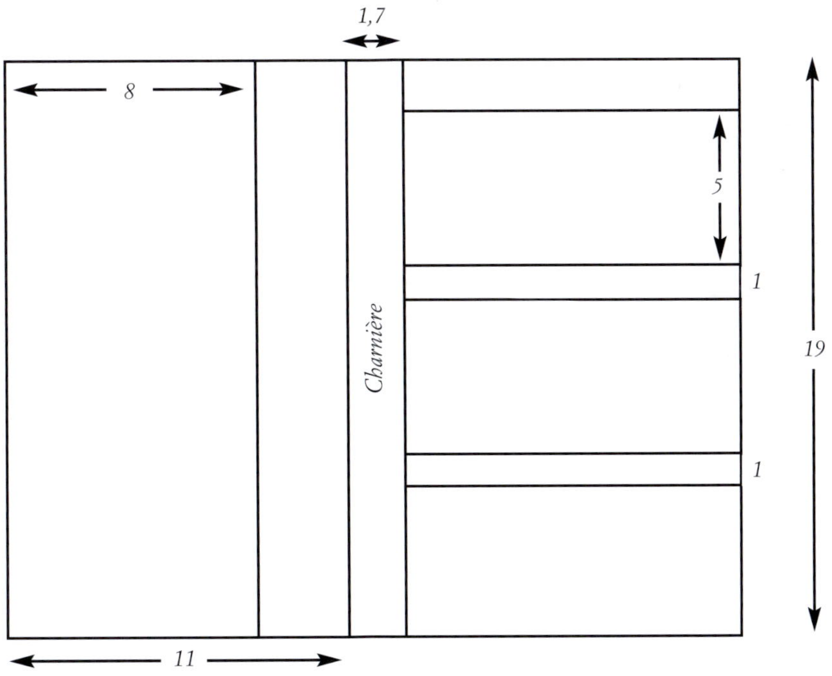

Croquis du porte-chéquier ouvert.

Sac de soirée « tambour ».

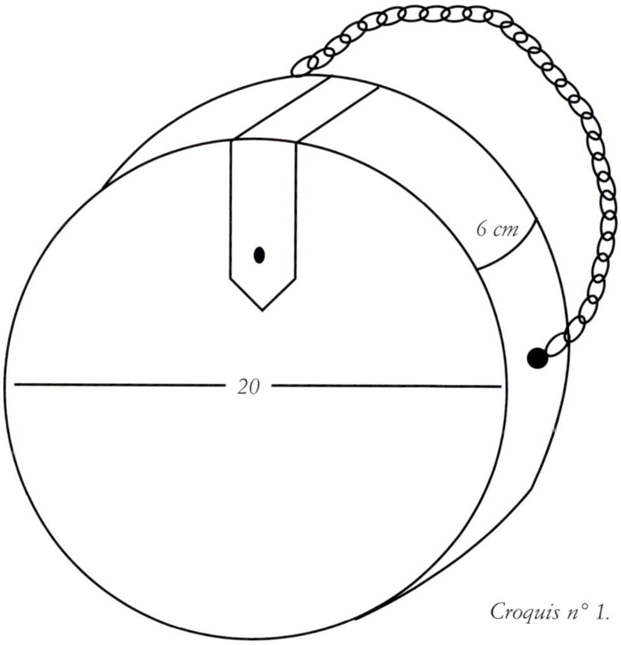

Croquis n° 1.

Le sac « tambour »

Temps de réalisation : 4 h
Difficulté : +

Coupe et habillage
Dans la carte d'encadrement, couper 4 cercles de 20 cm de diamètre.
Les coller 2 par 2.
Les habiller avec la pane velours, rabattre le tissu qui dépasse en le crantant.
Couper une bande de tissu de 9 cm sur 82 cm de long, reborder 1 cm de tissu sur l'une des extrémités puis coller la bande par le milieu de façon à obtenir une bande de 40,5 cm de long.
A 1 cm de chaque côté sur la longueur de cette bande, tracer un trait et cranter cette partie de 1 cm qui sera collée sur les 2 cercles de A à B (croquis n° 2) en maintenant le tout par des épingles à linge très rapprochées le temps du séchage (croquis n° 3).
Puis, toujours dans la carte d'encadrement, couper 2 cercles de 19,5 cm de diamètre, les recouvrir de relon uni et les coller à l'intérieur pour consolider le sac.
Couper une patte de fermeture dans du régidex de 24 x 4 cm.
Couper chaque extrémité en pointe.
Recouvrir de tissu velours et faire des trous à différentes distances sur une des extrémités pour une plus ou moins grande fermeture du sac.
Sur chaque côté du sac placer un bouton pour accrocher la patte de fermeture et placer la chaînette de chaque côté sur la bande en la faisant tenir par des attaches parisiennes spécial cartonnage ou une autre attache de votre choix.
Elles seront recouvertes à l'intérieur d'un petit morceau de tissu.
On peut donner une touche finale en l'agrémentant de pampilles.

Matériaux utilisés
- Tissu pane de velours
- Relon uni
- Carte d'encadrement 500 g
- Boutons
- Chaînette
- Pampilles

Dimensions
Diamètre 20 cm
Epaisseur 6 cm

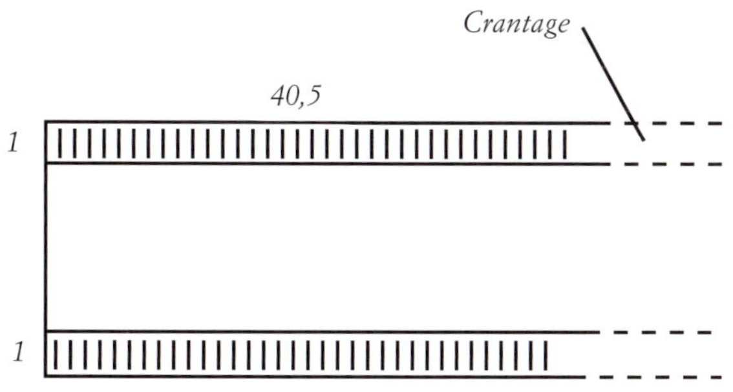

Croquis n° 2.

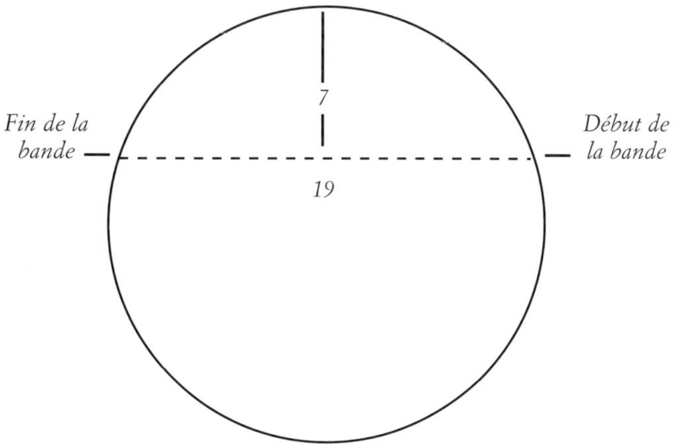

Croquis n° 3.

La pendule

Temps de réalisation : 4 h
Difficulté : +

Coupe
Dans un carton de 3 mm couper un cercle de 33 cm de diamètre, tracer à l'intérieur de ce cercle un octogone (voir croquis).
Couper ensuite 8 côtés biseautés 12,5 cm et de 3 cm de haut.

Montage
Les 8 côtés sont montés sur base (les biseaux vers l'intérieur).
Au milieu de l'octogone faire un trou à l'emporte pièce pour passer les aiguilles.

Habillage extérieur
Faire la propreté des 8 côtés en régidex.
Habiller le périmètre d'une bande de papier de 102 cm sur 6,5 cm, ce papier est rebordé dessous et dedans.
Couper dans de la carte régidex un octogone de 32 cm de diamètre que l'on habille pour le fond extérieur de la pendule.

Habillage intérieur
Dans du régidex couper un octogone de 31,4 cm de diamètre, l'habiller d'un papier (+ 1 cm autour) coller cette carte au fond de la boîte.
Repérer le trou préalablement fait dans le carton et percer le papier.
Ensuite pour chaque côté intérieur, habiller des cartes régidex qui seront collées l'une après l'autre.

Pose du mécanisme
Passer l'axe du mécanisme dans le trou, fixer avec l'écrou.
Puis fixer la petite aiguille, la grande aiguille, et la trotteuse qui est l'aiguille qui entraîne les 2 autres.
Finir en collant les coquillages.

Matériaux utilisés
- Papier jaune à vagues
- Coquillages

Dimensions
Diamètre 33 cm

Faire couper un verre et une baguette pour la finition.

* Pour obtenir un octogone, diviser le cercle par les deux perpendiculaires puis diviser chaque angle de 90° obtenu par les perpendiculaires en 3 angles de 30°.

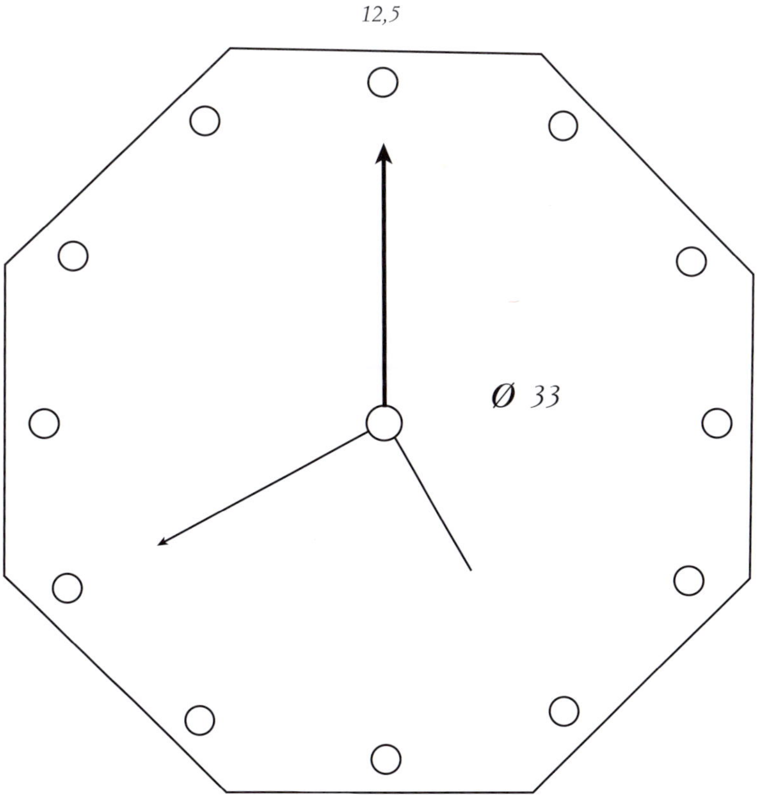

Trumeau avec miroir et pêle-mêle.

Trumeau avec miroir et pêle-mêle

Temps de réalisation : 2 h
Difficulté : +

Matériaux utilisés
- Tissu en lin
- Ruban
- Boutons
- 2 baguettes d'encadrement semblables mais de largeurs différentes
- Miroir 30 x 40 cm

Dimensions
50 x 70 cm

Coupe
Couper un carton de 50 x 40 cm.
Un molleton de même taille.
Tissu en lin de 56 x 46 cm.
Coller légèrement le molleton et tendre le tissu à l'arrière du carton.
Positionner les rubans pour obtenir un croisillon.
Les coller sur le carton à l'arrière puis, à chaque croisement, placer un bouton qui sera fixé à l'arrière du carton.

Montage
Faire couper 3 encadrements :
- 1 pour le miroir de 30 x 50 cm
- 1 pour le pêle mêle de 50 x 40 cm
- 1 pour encadrer les 2 autres

Les coller ou les agrafer entre eux.
Poser un carton de fond, à l'arrière, sur l'ensemble.
Visser 2 pitons sur le cadre extérieur, passer une ficelle pour l'accrochage.

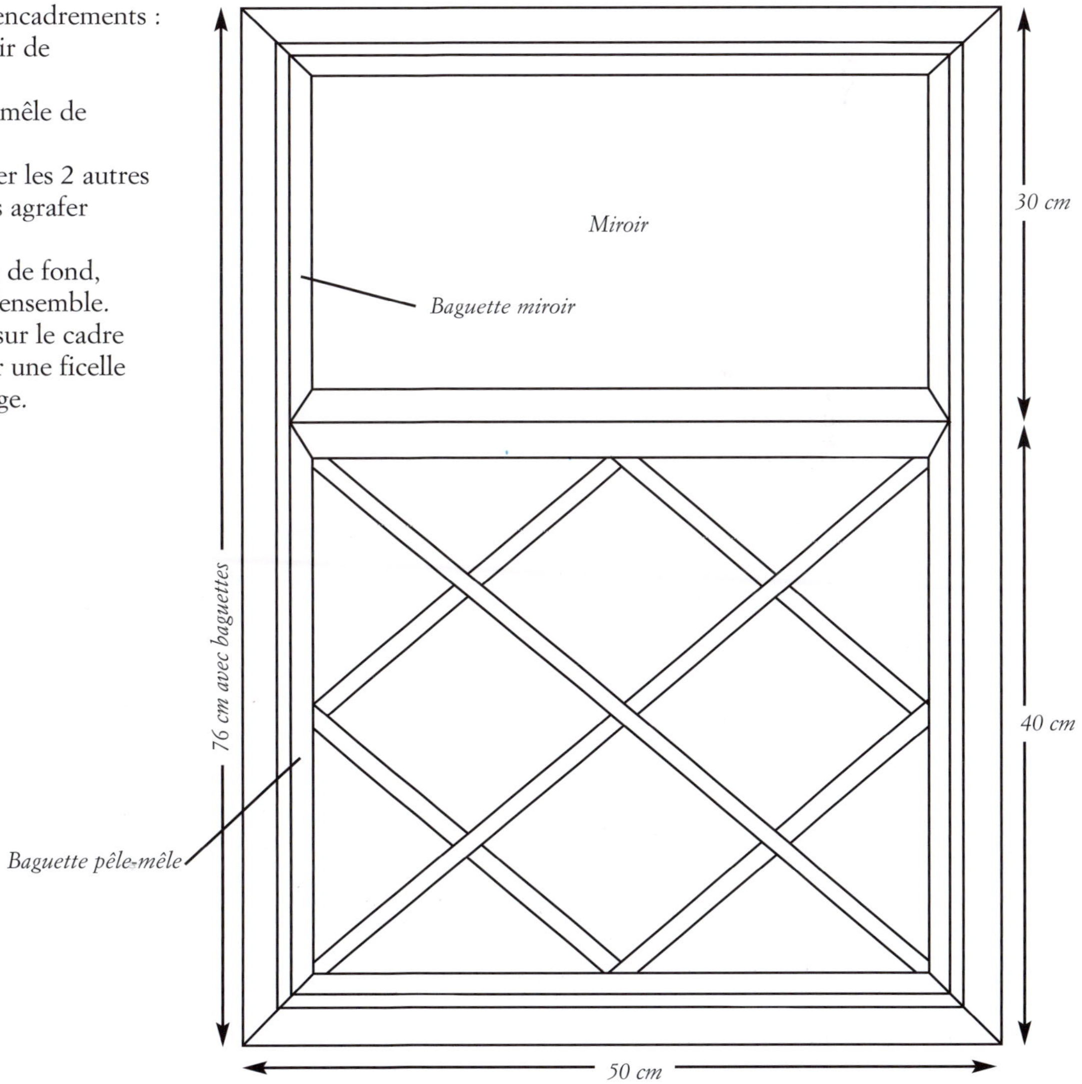

Le porte-boucle d'oreilles à bandes.

Le porte-boucle d'oreilles à rubans.

Les porte-boucles d'oreilles

Temps de réalisation : 2 h
Difficulté : +

Porte-boucles d'oreilles à bandes

Matériaux utilisés
- Tissu contrecollé jaune moiré
- Baguette

Dimensions
30 x 24 cm

Coupe
Dans du carton de 3 mm, couper 30 x 24 cm.
Même coupe dans un carton de 2 mm pour l'arrière.
5 bandes de régidex de 30 x 3 cm.

Montage et habillage
Sur le 1er carton, marquer (H) et tracer un trait à 7,5 cm (croquis n° 2).
Couper un morceau de tissu de 34 x 9,5 cm, le coller sur le carton et reborder sur les 3 côtés à l'arrière.
Habiller ensuite les 5 bandes de 3 x 30 cm avec du tissu (34 x 13,5 cm) comme l'indique le croquis n° 1.
Positionner le bas de la 1ère bande à 7,5 cm du haut, coller le tissus en dessous et sur les côtés.
Les bas des bandes doivent être séparées de 3,5 cm.
Mettre sous presse.
Pour une finition plus jolie, poser une baguette et le carton arrière après y avoir posé un anneau.

Dans le même esprit, vous pouvez utiliser cette technique pour un pêle mêle à l'ancienne pour vos photos : il suffit d'espacer les bandes en fonction de la hauteur de la photo.

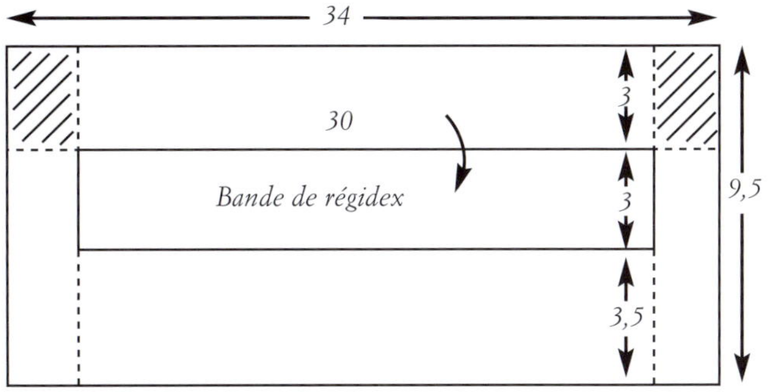

Croquis n° 1
Habillage d'une bande.

Porte-boucles d'oreilles molletonné et rubans

Couper un carton aux dimensions désirées.
Couper du molleton aux dimensions exactes du carton.
Tendre un tissu en le collant à l'arrière du carton.
De chaque côté du carton, coller des rubans sur lesquels vous accrocherez vos boucles d'oreilles.
Pour éviter que les rubans ne se détendent par la lourdeur des boucles d'oreilles, fixez-les à l'arrière du carton en passant, à intervalles réguliers, des attaches parisiennes pour cartonnage, de jolis boutons ou encore des perles.
Pour finir le tout proprement, placer un carton arrière avec un anneau, encadrer avec une baguette.

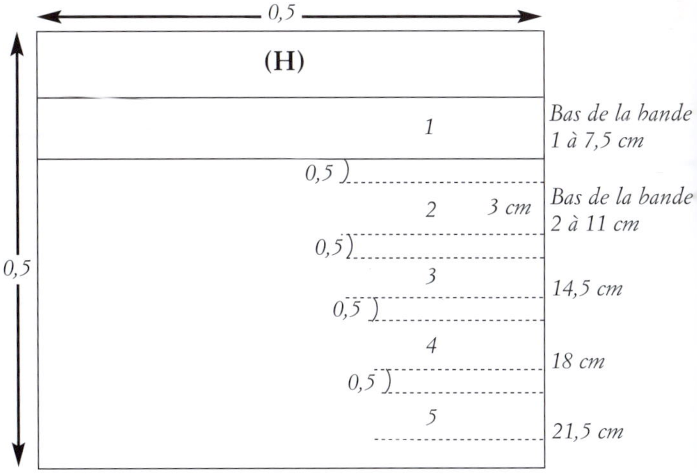

Croquis n° 2.

Le calendrier de l'Avent.

Le calendrier de l'Avent

Temps de réalisation : 6 h
Difficulté : ++

Coupe et habillage
Réaliser un patron avec une feuille de papier kraft de 50 x 50 cm, pliez la en 2 et dessiner un sapin de Noël (croquis n° 1).

Découper et ouvrir la feuille pour obtenir un sapin en entier.
Sur un carton fin de 1,5 mm d'épaisseur, reporter 2 fois le modèle du sapin pour le devant et l'arrière.
Faire la même chose dans 2 cartes régidex.

Matériaux utilisés
- Tissu de Noël
- Carton 1,5 mm

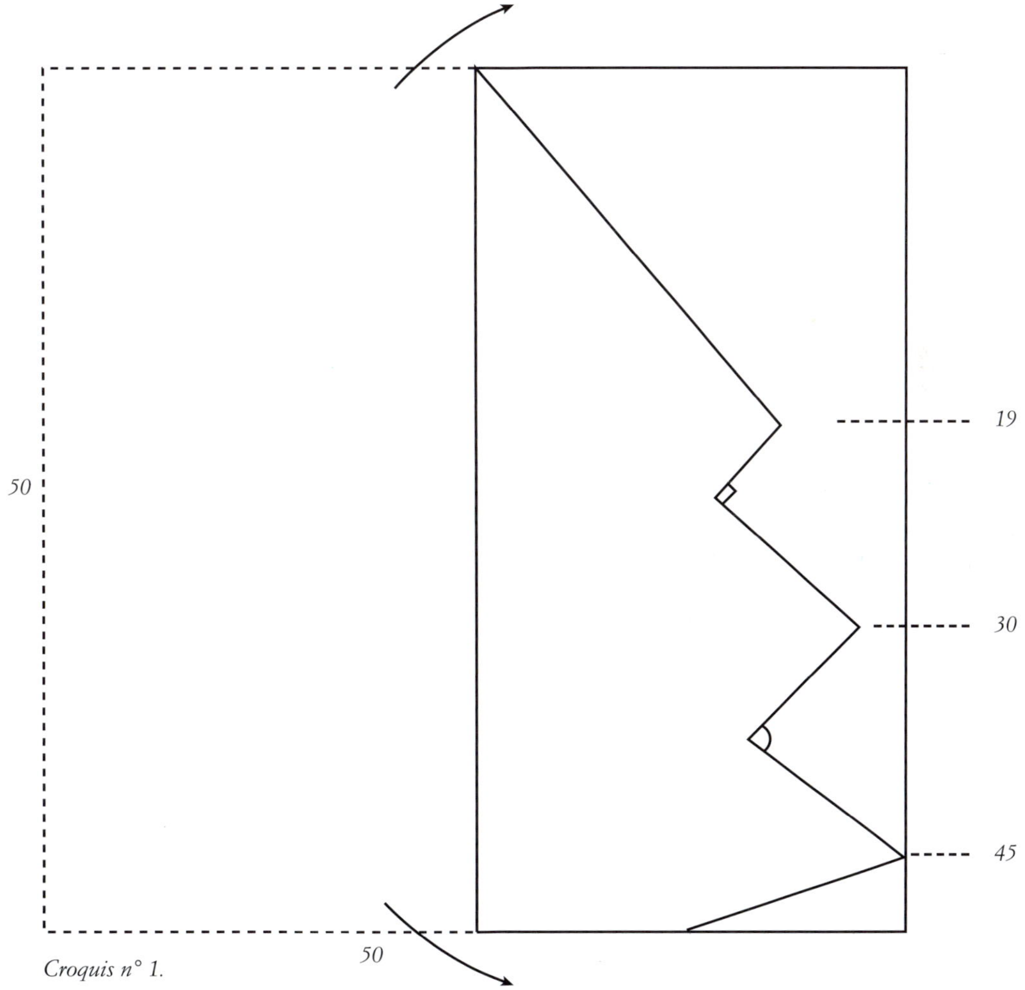

Croquis n° 1.

Dans l'un des cartons dessiner puis découper 24 fenêtres, habiller les 4 tranches de chaque fenêtre en papier kraft or (croquis n° 2).
Découper ensuite des planchers intérieurs de longueurs différentes suivant le nombre de fenêtres sur une ligne.
Krafter ces planchers à la limite des rebords inférieurs des fenêtres.
Puis les habiller de papier kraft or.
Prendre l'une des cartes régidex et la coller sur le devant du sapin.
Coller le tissu dessus et reborder sur les côtés et le dessous.
Retourner le tout et découper chaque fenêtre dans le régidex sur 3 côtés.
Monter ensuite sur les bords du sapin une hausse de 3 cm pour donner de la profondeur.
Prendre ensuite le 2ème carton, passer un anneau pour l'accrochage, habillez-le d'un autre tissu de noël à l'intérieur, couper cette fois à ras du bord.
krafter ce carton, côté recouvert de tissu à l'intérieur, sur la hausse.
Coller le 2ème régidex sur l'arrière et coller un papier de propreté.
Finir en habillant la hausse avec un régidex recouvert du même tissu que celui du devant.
Numéroter chacune des 24 fenêtres en papier coloré, et passer une petite perle pour l'ouverture.

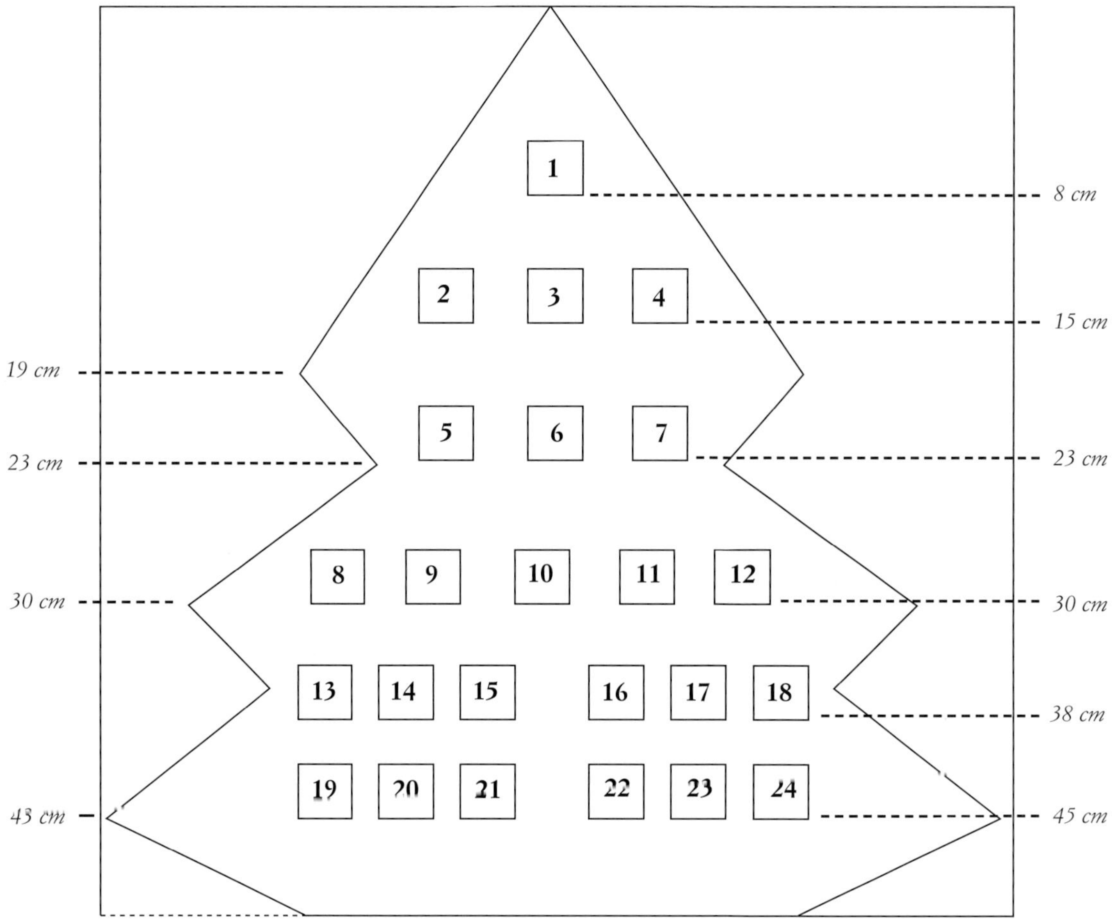

Croquis n° 2.

La mini crèche avec sa boîte de rangement

Temps de réalisation : 8 h
Difficulté : +

Coupe
Dans du carton de 3 mm
Base 18 x 10 cm
Arrière 18 x 12 cm
Coté 9,7 x 8 cm
Devant 8 x 6 cm
Toit asymétrique : 2 pentes
L'une de 13,5 x 10 cm, l'autre de 8 x 10 cm.
Couper en biseau sur l'une des largeurs de 8 cm pour le faîtage du toit.

Matériaux utilisés
Papier avec des végétaux incrustés de différentes couleurs
Papier doré de noël pour la boîte de rangement
Santons

Dimensions
18 x 10 x 12 cm (croquis n° 1)

La crèche seule.

Montage

Pour la crèche, il se fait sur base, krafter l'arrière puis le côté, ensuite les pentes du toit, finir par le devant.
Découper comme l'indique le croquis n° 2.
Pour la boîte de rangement, coller les 4 rabats du couvercle sur le fond.
Sur la base biseautée krafter l'arrière, le reste du montage se fait par l'habillage.

Croquis n° 2.

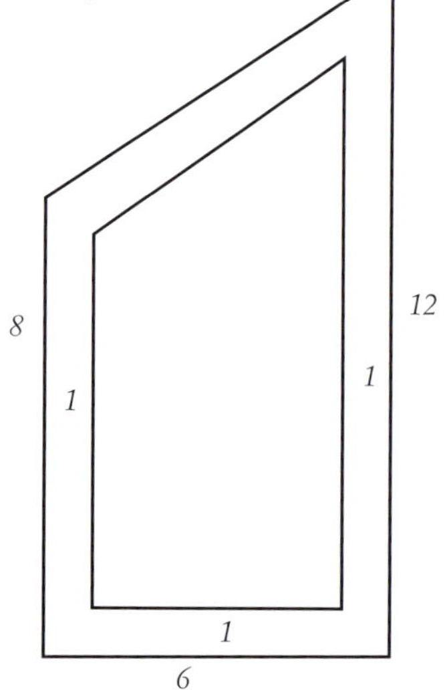

Croquis n° 1.

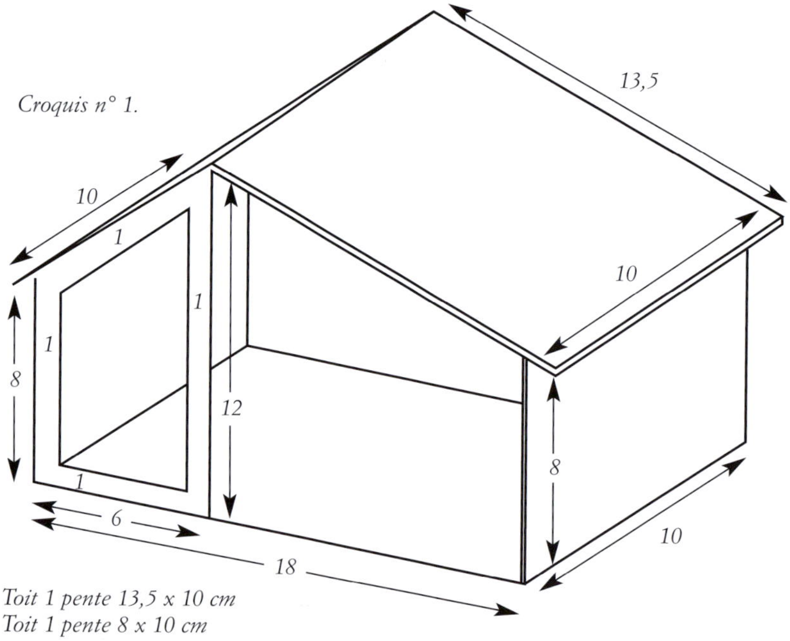

Toit 1 pente 13,5 x 10 cm
Toit 1 pente 8 x 10 cm

Habillage

Elle est recouverte avec des papiers de différentes couleurs qui présentent des incrustations de végétaux.
Commencer par les pentes du toit, puis l'arrière et le côté droit, finir par les montants du devant.
Terminer par l'habillage intérieur.

La crêche et la boîte ouverte.

Boîte de rangement de la crèche
Cette boîte s'ouvre sur 3 côtés, elle permettra d'agrandir l'espace de la crèche si l'on a beaucoup de personnages ou si l'on veut ajouter des accessoires de décoration.
Elle comprend une base biseautée sur les 4 côtés de 21 x 12 cm, 2 côtés de 21 x 13,5 cm et 2 côtés de 12 x 13,5 cm (biseautés sur 3 côtés sauf sur le haut) + 2 triangles (a et b).

Le couvercle est à 4 rabats pour permettre à la boîte de rester fermée : fond 22 x 13,2 cm rabats de 22 x 2,2 cm rabats de 12,4 x 2 cm (croquis n° 2).

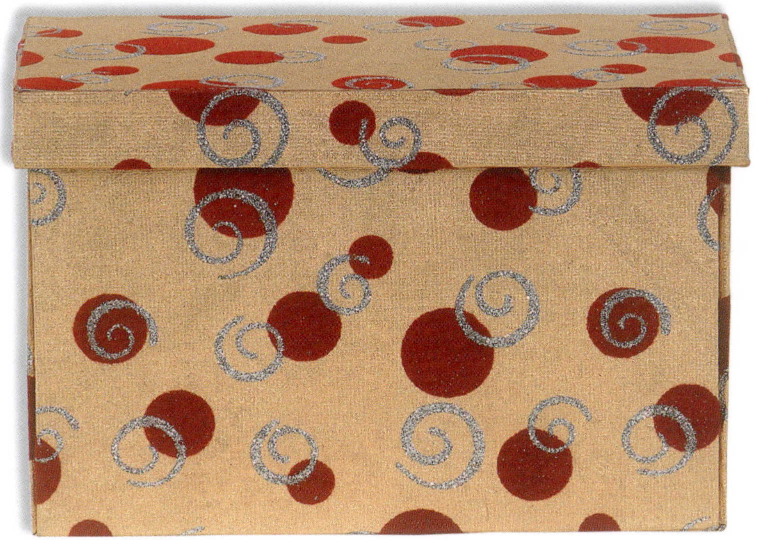

La boîte à crèche fermée.

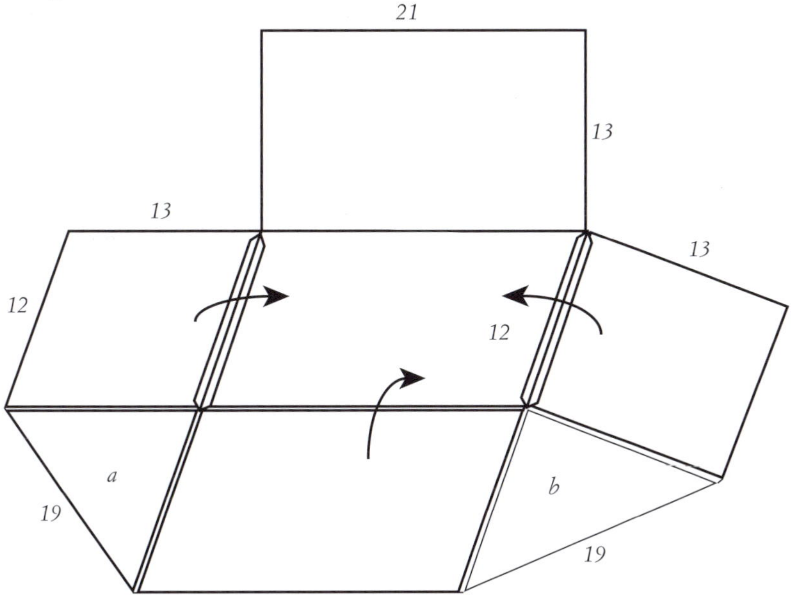

Croquis n° 2.

Habillage de la boîte de rangement
Découper un rectangle de papier de 55 x 52 cm. Commencer par le coller sur le carton arrière de la boîte qui a été fixée sur la base.
Découper à 2 cm des 3 bords et reborder ce papier dépassant.
Positionner ensuite la base et les 3 autres côtés sur le papier en laissant un écart entre les cartons à chaque charnière de 0,4 cm.
Découper aussi à 2 cm du tour et reborder vers l'intérieur.
La propreté intérieure se fait en recouvrant des cartes régidex.
Les 2 triangles sont recouverts séparément.
Le couvercle est recouvert en une seule fois puisqu'il y a 4 rabats.

Habillage du couvercle
Prendre un morceau de papier de 30 x 21 cm, le positionner bien centré sur le plat du couvercle et le coller.
Dans les 4 angles, ôter un carré de papier à 0,5 cm de chaque coin. Rabattre et coller le papier sur les rabats les plus longs à l'extérieur et à l'intérieur.
Sur les rabats plus petits former les 4 angles en rentrant le 1/2 cm laissé. Coller à l'extérieur et à l'intérieur. Puis terminer par habiller un régidex qui sera collé sur le plat intérieur du couvercle.

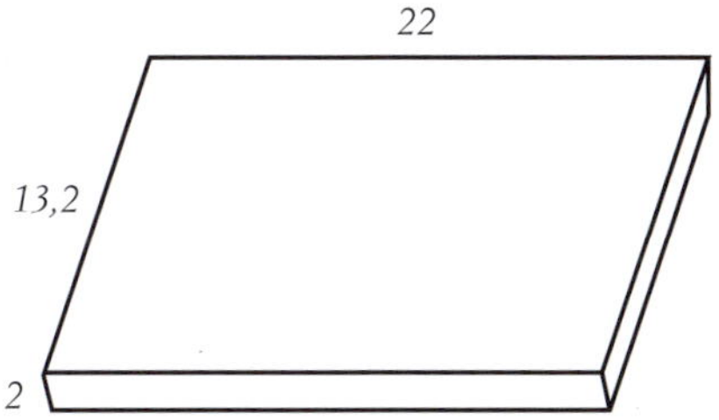

Croquis n° 4 : couvercle de la boîte de rangement.

Remerciements

Des remerciements à toutes mes élèves et particulièrement à Marie-Christine Desclèves, Isabelle Jeffroy, Chantal Demure, avec qui j'ai discuté de ce nouveau livre et qui ont aussi réalisé certains modèles pour en évaluer les difficultés.
Une pensée pour Vincent qui nous a quitté et qui a de très bon conseil et d'un grand soutien pour mes précédents livres.

OUVRAGES DÉJÀ PARUS OU À PARAÎTRE

COLLECTION BEAUX LIVRES

● L'AQUARELLE, TECHNIQUES ET ASTUCES
Cathy Johnson
● L'AQUARELLE, LES PERSONNAGES
J. Evrett Draper
● L'AQUARELLE SELON F. WEBB
Frank Webb
● L'AQUARELLE, LA NATURE ET SES DÉTAILS
Cathy Johnson
● AQUARELLE RÉALISTE
Dawn McLeod Heim
● LA PEINTURE A L'HUILE, COMPOSITION ET PRATIQUE
Hazel Harrison
● PASTELS INTERPRÉTATIONS
Madlyn-Ann C. Woolwich
● LE PASTEL, QUESTIONS RÉPONSES
David Cuthbert
● LE CRAYON DE COULEUR
Bernard Poulin
● COLLAGE : TECHNIQUE ET CRÉATION
Nita Leland & Virginia Lee Williams
● LA LUMIÈRE, SAVOIR LA REGARDER ET LA PEINDRE
Lucy Willis
● PORTRAITS D'ENFANTS
Roberta Carter Clark
● SAISIR LE MOUVEMENT, DANS VOS TABLEAUX
Julia Cassels
● FORMES ET MODELÉS
Hazel Harrison
● MAISONS ET BÂTIMENTS
INTÉRIEURS ET EXTÉRIEURS
Hazel Harrison
● ESPACE, VOLUME, PROFONDEUR
PEINDRE EN TROIS DIMENSIONS
Brian Dunce
● LES TEXTURES
Martin Davidson
● LES CLES DU DESSIN
Bert Dodson
● LE GUIDE COMPLET DE LA SCULPTURE
TECHNIQUES ET MATÉRIAUX :
Barry Midgley
● LE MANUEL DU POTIER
Kenneth Clark
● LE SCRAPBOOKING MONTAGES CRÉATIFS
Frédérique Fichet
● AQUARELLE, PEINDRE AVEC SES SENTIMENTS
Maryse de May
● L'EAU, LE REGARD DU PEINTRE
Patricia Seligman
● AQUARELLE, SAVOIR LA COMPOSER ET LA PEINDRE
Angela Gair
● PEINDRE À L'HUILE
ENTRE L'INSPIRATION ET L'ŒUVRE PEINTE
Jean-Maxime Relange
● PEINDRE DES PAYSAGES À L'AQUARELLE
D'APRÈS PHOTOS
Hazel Harrison & Joe Cornish

À PARAÎTRE

● AQUARELLE
ATMOSPHÈRES ET AMBIANCES MARINES
Jacques NOURY

COLLECTION ATELIER

● LA MOSAÏQUE DE CUIR
Jean-Pierre Rousseau
● BRODERIE D'ART
Liz Maidment
● MOTIFS PEINTS SUR BOIS
Paul et Jean-Claude Roussel
● BOIS PEINTS, STYLES ET TECHNIQUES
Russe Khokhloma, Uzès, Bourguignon,
Patricia Gohin
● USAGE DE LA COULEUR
Christophe Chazalon
● LA CALLIGRAPHIE, ART D'HIER ET D'AUJOURD'HUI
Richard K. Kaiser
● NATURES MORTES EN TOUTE SIMPLICITÉ
Carmen Berluti-Venturini
● LES ICÔNES
Patricia Liversain
● LA GRAVURE SUR MÉTAL
TAILLE DOUCE, EAU-FORTE, AQUATINTE
Mireille Baltar
● PEINTURE CONTEMPORAINE
Christian Parra
● LA PEINTURE AU COUTEAU
Francine Florent
● AQUARELLE, DE LA DÉCOUVERTE À LA CRÉATION
Ans VAN BERKEL
● LE CARTONNAGE
TECHNIQUE ET RÉALISATION
Mireille Gras Depoix
● LA PEINTURE SUR PORCELAINE
MOTIFS CHAMPÊTRES
Graziella Poyet
● MOTIFS SUR PORCELAINE, PEINDRE ET DESSINER :
Dony Alexiev
● PORCELAINE DÉCORÉE,,PREMIERS PAS
Catherine Le Noël
● DÉCORS SUR PORCELAINE
TECHNIQUE AMÉRICAINE:
Catherine Bergoin
● TECHNIQUE ET MOTIFS SUR PORCELAINE
Aude Creuzé & Véronique Habègre
● LE LUSTRE
Véronique Habègre
● LES ANIMAUX ET LA PORCELAINE
Aude Creuzé
● MOSAÏQUE, LES TECHNIQUES
Josette Deru
● MOULAGE ET ESTAMPAGE
Nils Descotes-Genon
● RONDE-BOSSE ET BAS-RELIEFS ,LE MODELAGE
Philippe Chazot
● LA TERRE QUI CHANTE
Evelyne Jullian
● LA MARQUETERIE DE PAILLE
Anne-Marie Choain-Degand
● CRÉATION DE MOTIFS PEINTS SUR TISSU
Marie Lefort
● LE PAPIER À LA COLLE
Christine Trautwein
● L'ACRYLIQUE
Nicole Bommarito
● LE PASTEL
Denis Bauduin
● LA MOSAÏQUE, SELON LA TRADITION DE RAVENNE
Giovanna Galli
● LE CARTONNAGE,UNE PASSION A PARTAGER
Sylvie Bonnet-westerloppe
● LA RELIURE BRADEL
Godelieve Dupin de St Cyr et Marie Pia Jousset
● L'ENCADREMENT
Nicole Marinier
● LE VITRAIL
Stéphane Arrondeau
● MES PREMIÈRES BASES DE GLAÇURES
GRÈS ET PORCELAINE
Georges Lanteri
● L'AQUARELLE, DE LA GOUTTE D'EAU À L'OCÉAN
Denis Bauduin
● AQUARELLE, L'AVENTURE AVEC LES FLEURS
Maryse De May
● MOSAÏQUE CRÉATIVE
Patricia Vibien
● TECHNIQUE AMÉRICAINE SUR PORCELAINE
Rosane Baptistella
● MODELAGE, TÊTES ET EXPRESSIONS
Bérit Hildre
● LE NU, D'APRÈS MODÈLE VIVANT
Louis Treserras
● CARTONNAGE, MEUBLES ET OBJETS
Mireille Gras-Depoix
● SCRAPBOOKING, TECHNIQUES ET RÉALISATIONS
Frédérique Fichet
● LA GOUACHE ET LES PAYSAGES
Juliane Scharck
● LA PEINTURE SUR SOIE, UN ART DES TECHNIQUES
Lydie Ottelart
● LE RAKU, MES PREMIERES CUISSONS
Georges Lanteri
● LA PORCELAINE, MOTIFS D'ICI ET D'AILLEURS
Graziella Poyet
● DÉCORATION D'OBJETS, DE RÉCUPÉRATION
Sylvie Chambill
● LA PORCELAINE, SES FORMES ET SES COULEURS
Aude Creuzé
● PEINTURE SUR BOIS, FLEURS DE MONTAGNE
Catherine Charles
● CARTERIE CRÉATIVE,TECHNIQUES ET RÉALISATIONS
Brigitte Bérardi & Brigitte Rouyer
● PEINDRE ET DESSINER,EN VOYAGE
Juliane Schack
● BIJOUX EN PERLES ET PÂTE POLYMÈRE
Patricia Vibien
● LE VITRAIL, MA DÉCOUVERTE TIFFANY
Marie-Claude Henaff
● LE MODELAGE, LUDIQUE ET CRÉATIF
Georges Lantéri
● LA CALLIGRAPHIE, LUDIQUE ET CRÉATIVE
Jâmal Abarrou
● LE DESSIN, CRAYON, SANGUINE, ENCRE
Denis Bauduin
● LA MOSAÏQUE
TECHNIQUES PICASSIETTE
Cristina Coelho
● PEINTURE SUR MÉTAL
TECHNIQUES ET RÉALISATIONS
Catherine Charles
● MODELAGE DU CORPS HUMAIN
LA SILOUETTE
Philippe Chazot
● MODELAGE DU CORPS HUMAIN
TÊTE, MAINS, PIEDS
Philippe Chazot
● LES CRISTALLISATIONS
Georges Lantéri
● BIJOUX EN PERLES DE MURANO
S. GUEDON - V. GUYOT
● L'AIMAILLAGE DE L'ARGILE
LUDIQUE ET CRÉATIF
Georges Lantéri
● MOSAIQUE DE VERRE OPALESCENT
Elodie Geoffroy

COLLECTION 100 et 101 ASTUCES

● DÉCORS ET PEINTURE SUR TISSUS
Julia Richardson
● L'AQUARELLE
Jean Bordet
● LA PEINTURE A L'HUILE
Helen Douglas Cooper
● CALLIGRAPHIE
Jean Bordet
● MODELAGE D'ARGILE
Philippe Chazot
● LA PORCELAINE
Véronique Habègre
● L'ACRYLIQUE
Christian Parra
● LE CARTONNAGE
Mireille Gras-Depoix
● L'ENCADREMENT
Régine Tromeur
● LA MOSAÏQUE
Patricia Vibien
● LES ASTUCES DU PEINTRE